高等职业教育产教融合特色系列教材

运动控制系统开发与应用

主　编　苏鹏飞　孙青森　盛　倩
副主编　孔　敏　刘　亮　罗庚兴
　　　　石　然　张　毅
参　编　赵银玲　崔　璇　欧幸福
　　　　贺晅豪　弯奕瑄　卓维彪
　　　　江　兵

北京理工大学出版社
BEIJING INSTITUTE OF TECHNOLOGY PRESS

内容简介

本书针对运动控制系统工作的原理，详细地阐述了动力机构的选型与调试，着重分析了运动控制系统的核心技术及其在工业场景的应用，并通过综合工业项目来呈现运动控制技术的特点。全书共分为八个项目，主要内容包括伺服电动机的调试与选型、人机界面开发、简易运动控制编程、回零运动控制编程、运动控制系统应用案例（一）、运动控制系统应用案例（二）、运动控制系统精度测试与优化、运动控制系统应用案例（三）。

本书可作为高等院校、高职院校机械制造与自动化、数控技术、精密机械技术、机电设备维修与管理、机电一体化技术、电气自动化技术、计算机应用技术、智能控制技术、工业机器人技术、应用电子技术、智能产品开发、嵌入式技术与应用、工业过程自动化技术等专业的教材，也可供《"1+X"运动控制系统开发与应用证书》考试人员参考使用。

图书在版编目(CIP)数据

运动控制系统开发与应用 / 苏鹏飞，孙青森，盛倩主编. --北京：北京理工大学出版社，2024.4

ISBN 978-7-5763-3773-0

Ⅰ.①运…　Ⅱ.①苏…　②孙…　③盛…　Ⅲ.①自动控制系统　Ⅳ.①TP273

中国国家版本馆 CIP 数据核字(2024)第 070986 号

责任编辑：陈莉华　　**文案编辑**：陈莉华
责任校对：刘亚男　　**责任印制**：李志强

出版发行 / 北京理工大学出版社有限责任公司
社　　址 / 北京市丰台区四合庄路 6 号
邮　　编 / 100070
电　　话 / (010) 68914026（教材售后服务热线）
(010) 68944437（课件资源服务热线）
网　　址 / http://www.bitpress.com.cn

版 印 次 / 2024 年 4 月第 1 版第 1 次印刷
印　　刷 / 河北盛世彩捷印刷有限公司
开　　本 / 787 mm×1092 mm　1/16
印　　张 / 13.25
字　　数 / 295 千字
定　　价 / 58.00 元

随着全球新一轮科技革命和产业变革深入发展，各国均以智能制造为主要抓手，力图抢占全球制造业新一轮竞争制高点。运动控制系统是智能装备的大脑、工业控制的核心，在智能制造业大力推进、传统制造业转型升级、新兴制造业快速成长等背景下，我国运动控制行业市场规模持续增长。同时运动控制及智能制造的核心基础技术实现自主可控是国家战略，相关产业将充分受益于国产替代进程。运动控制产业是典型的人才与技术密集型行业，融合了传感、通信、控制、工业软件、机构优化等多项技术。随着产品和工艺装备的精密度与复杂性的进一步提高，技术综合程度不断增加，以及生产工艺过程日益成为一个各工序紧密联系的有机整体，现代智能制造对产业技术人才提出了更高的挑战。针对这一现实情况，编者专门为高等职业院校学生编写了运动控制系统教材，意在打造有效的产学研培育模式，满足智能制造产业人才的迫切需求。

本书为活页式教材，内容包括项目导入、学习目标、素养目标、任务描述、相关知识、任务实施、任务评价等栏目。为深入贯彻落实党的二十大精神，该教材注重实际应用，大大增加学生的参与度，提升学生学习的积极性，每个子任务既是单独的工作任务也是总任务不可缺少的工作任务。

本书具有以下特点：

(1) 以企业核心技术和职业技能大赛设备为载体，通过伺服电动机的调试与选型、人机界面开发、简易运动控制编程、回零运动控制编程、运动控制系统应用案例（一）、运动控制系统应用案例（二）、运动控制系统精度测试与优化、运动控制系统应用案例（三）八个项目，来展现运动控制系统应用方面的相关知识与技术技能。

(2) 遵循学生的认知规律，打破传统的学科课程体系，坚持以工业项目为引领，以学生的行为为向导，突出对技能的培养和职业习惯的养成。

(3) 以就业为向导，坚持“实用、会用、活用”的原则，重点培养学生应用运动控制技术的能力，更好地满足企业岗位的需求。

(4) 知识基础与综合能力并重，本书中内容涉及知识原理、安全规范、专业规范、单项训练、综合应用等，符合运动控制相关专业人才培养的要求。

本书由西安职业技术学院苏鹏飞、孙青淼和固高科技股份有限公司盛倩担任主编；西安职业技术学院孔敏、刘亮，佛山职业技术学院罗庚兴，深圳职业技术大学石然，广东交通职业技术学院张毅共同担任副主编；西安职业技术学院赵银玲、崔璇，佛山职业技术学院欧幸福、东莞市汽车技术学校贺暒豪、固高科技股份有限公司弯奕瑄和卓维彪、深圳安科高技术股份有限公司江兵参与编写。其中项目一、项目二及项目七由苏鹏飞、孙青淼编写，项目三、项目四及项目八由盛倩、孔敏、刘亮、赵银玲、崔璇编写，项目五、项目六由罗庚兴、石然、张毅、欧幸福、贺暒豪、弯奕瑄、卓维彪、江兵编写。苏鹏飞、孙青淼、盛倩作为本书主编统筹组稿。在编写过程中，参阅了大量文献资料，比如《Σ-7S 伺服单元（模拟量电压、脉冲序列指令型）产品手册》《GTS 运动控制器编程手册之基本功能》等，在此向这些文献资料、资源的作者表示衷心的感谢！

由于作者水平有限，书中难免存在不足之处，恳请广大读者批评指正。

编者

2023 年 12 月

目录

项目一

伺服电动机的调试与选型

项目导入

伺服系统是使物体的位置、方位、状态等输出被控量能够跟随输入目标（或给定值）变化而变化的自动控制系统。伺服电动机转子转速受输入信号控制，并能快速反应，在自动控制系统中，用作执行元件，且具有机电时间常数小、线性度高等特性，可把所收到的电信号转换成电动机轴上的角位移或角速度输出。伺服电动机接收到 1 个脉冲，就会旋转 1 个脉冲对应的角度，可以精准控制电动机运行速度和旋转角度。

本项目要求熟悉交流伺服驱动器的接口功能和引脚定义，完成伺服电动机电气系统接线；熟练使用固高科技的交流伺服驱动器的软件调试，完成伺服电动机模组的调试；了解伺服电动机的选型原则，根据实际已知条件，完成伺服电动机的选型。

学习目标

①认识交流伺服驱动器的电路结构，掌握交流伺服驱动器的接口功能和引脚定义。

②理解伺服驱动器电流环、速度环、位置环的工作原理。

③熟悉固高科技的 GTHD 交流伺服驱动器的软件功能。

④熟悉转动惯量的计算方法。

⑤能独立完成伺服电动机的选型计算。

素养目标

①培养勤于钻研、奉献社会等职业素养。

②培养安全意识和团队协作能力。

③培养严谨的工作态度和分析能力。

④培养学生利用已知的知识解决实际问题的能力。

工作任务一　伺服电动机驱动器调试

【任务描述】

某设备的垂直升降机构选用多摩川交流伺服电动机作执行元件，选用固高科技的 GTHD 伺服驱动器进行驱动，如图 1-1 所示。现要求对伺服电动机进行调试，将电动机参数调整至位置跟踪误差小于 50 个脉冲数。

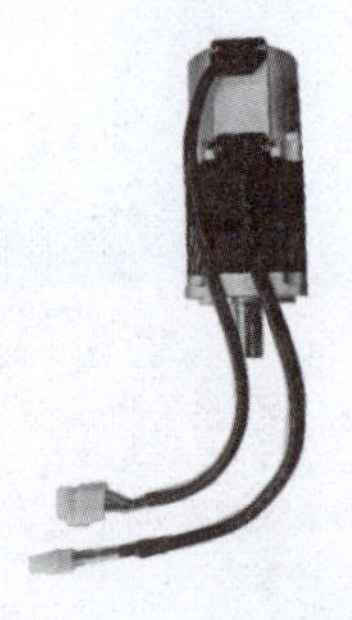

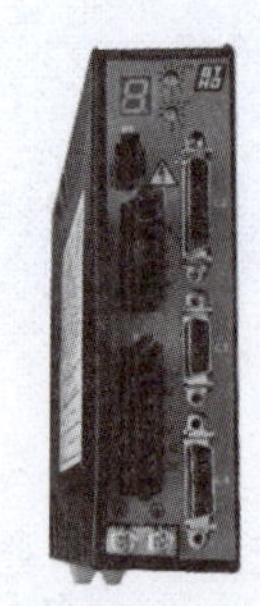

图 1-1　多摩川电动机和 GTHD 伺服驱动器

【相关知识】

一、伺服电动机系统

常用的伺服电动机系统布线如图 1-2 所示。

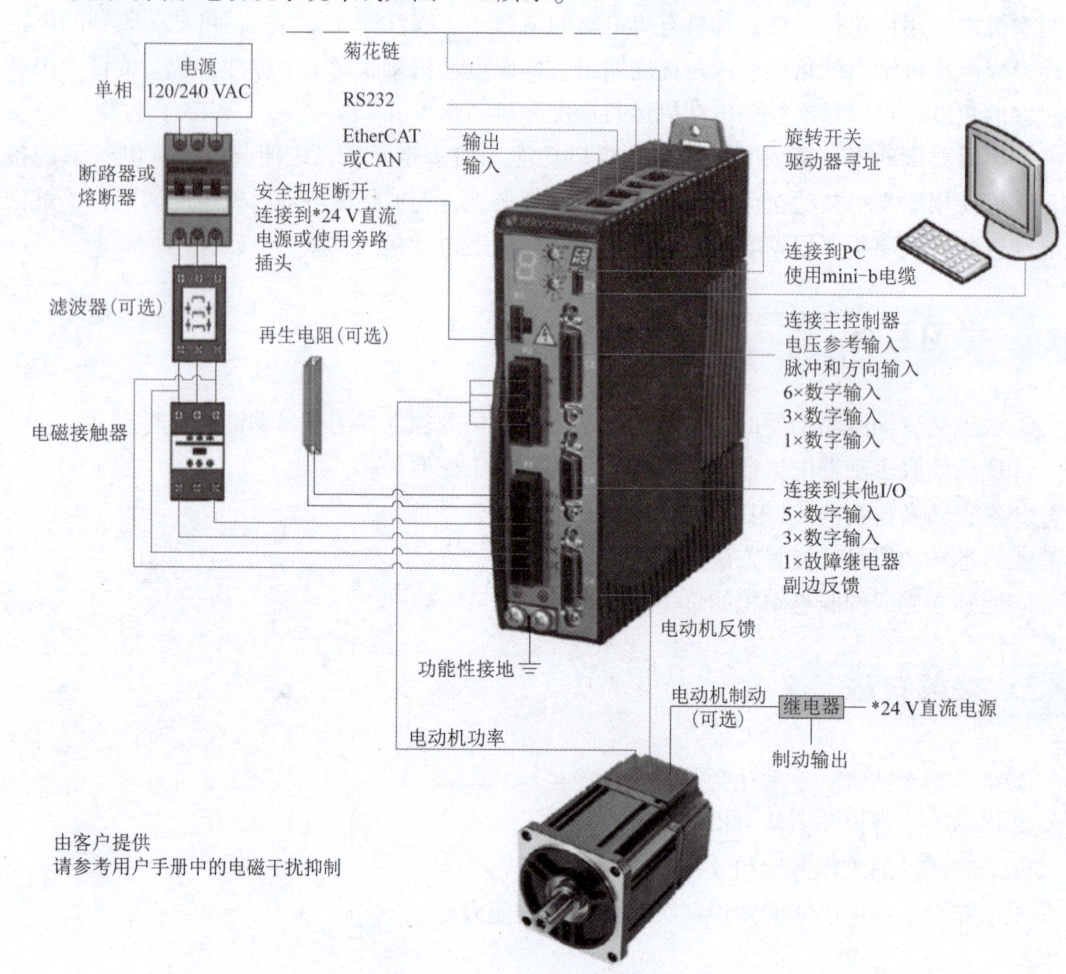

图 1-2　伺服电动机系统布线图

二、伺服驱动器调试软件（ServoStudio）

ServoStudio 伺服驱动器调试软件主界面，如图 1-3 所示，主要包括工具栏、状态栏、侧边栏、任务栏以及信息帮助栏五个部分，具体可参阅《GTHD 伺服驱动器用户手册》（厂家提供的内部手册）第四部分。

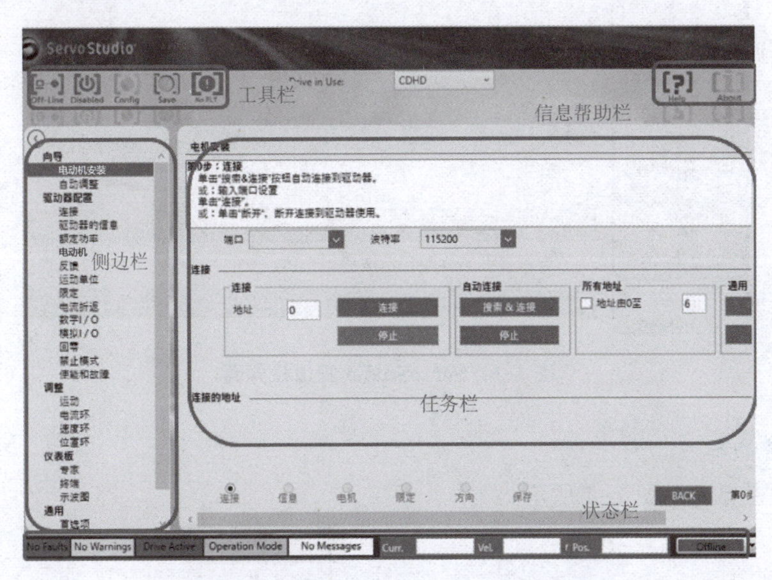

图 1-3　驱动器调试软件 ServoStudio 主界面

1. 工具栏

工具栏界面如图 1-4 所示。

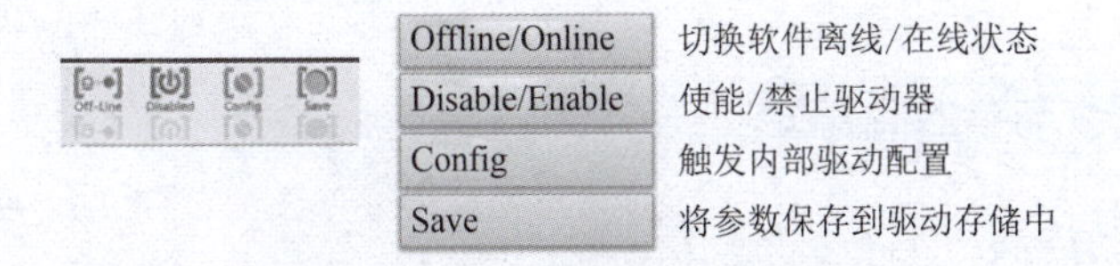

图 1-4　ServoStudio 工具栏界面

2. 状态栏

状态栏界面如图 1-5 所示。

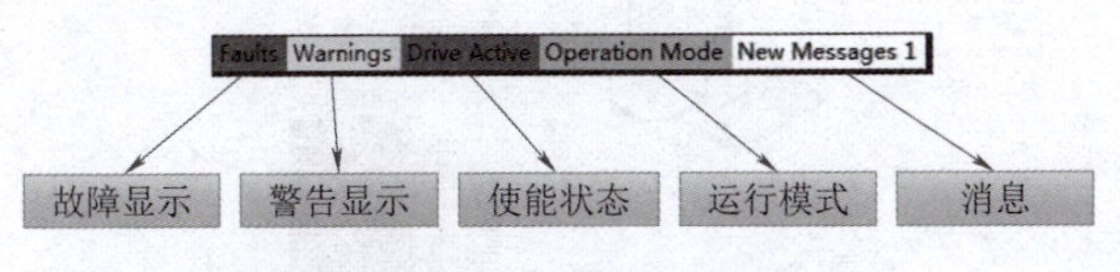

图 1-5　ServoStudio 状态栏界面

3. 侧边栏

侧边栏界面如图 1-6 所示。

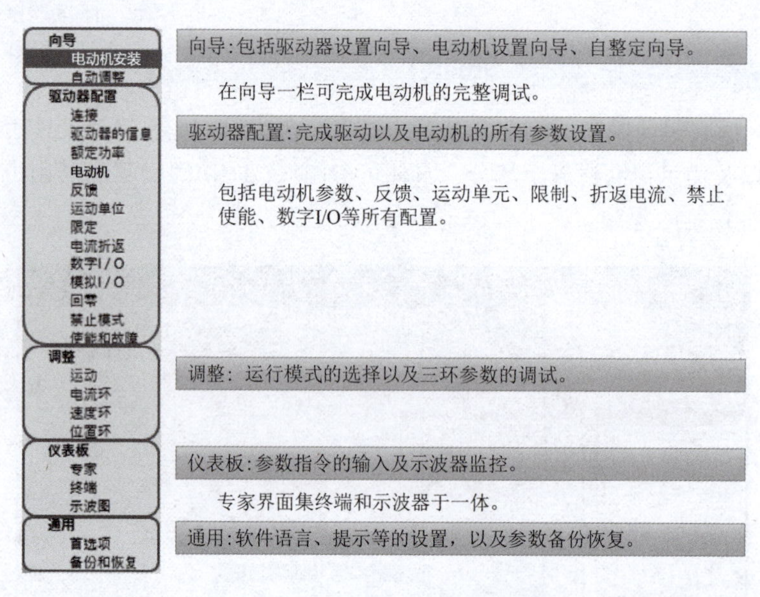

图 1-6　ServoStudio 侧边栏界面

4. 信息帮助栏

信息帮助栏界面如图 1-7 所示。

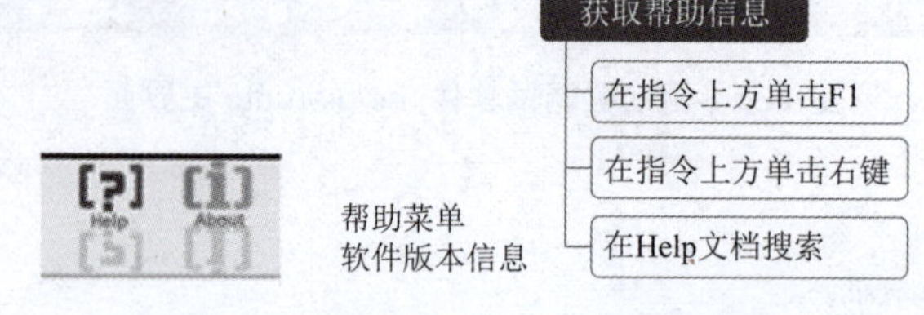

图 1-7　ServoStudio 信息帮助栏界面

三、新建电动机安装与参数自整定

1. 驱动器软件的连接

(1) 连接 USB 转串口通信线

使用 USB 转 RS232 串口的通信线将驱动器调试接口与计算机 USB 接口进行连接，如图 1-8 所示。

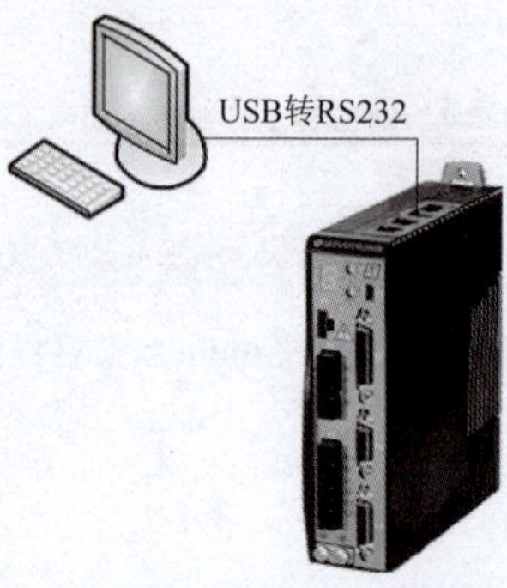

图 1-8　驱动器与计算机通信硬件连接

（2）连接伺服驱动器单元

打开 GTHD 伺服驱动器调试软件“ServoStudio”，选择“驱动器配置”→“连接”选项，打开连接界面，如图 1-9 所示，再单击“搜索 & 连接”按钮，软件将自动搜索驱动器并建立通信。

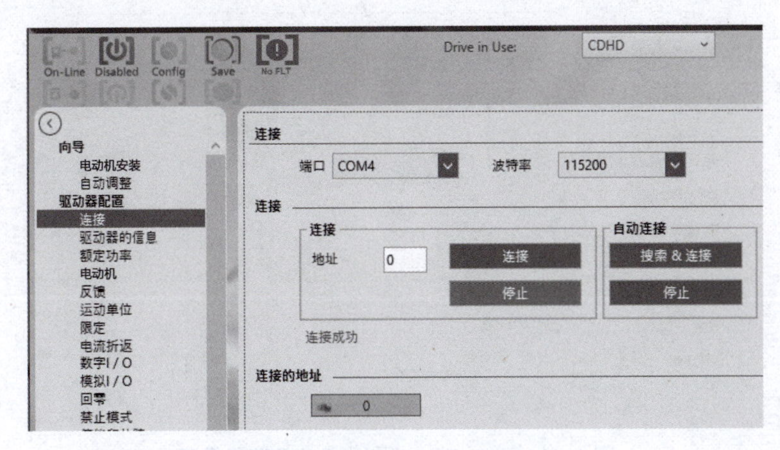

图 1-9　ServoStudio 连接界面

2. 新建电动机安装步骤

由于 GTHD 伺服驱动器可支持多个厂家的电动机，因此在驱动器软件连接成功后，首先要进行电动机安装，通过电动机安装将电动机的信息传递给驱动器进行匹配。新建电动机安装步骤如下：

（1）打开电动机参数设置界面

选择“驱动器配置”→“电动机”选项，打开电动机界面（见图 1-10），进行电动机参数配置。

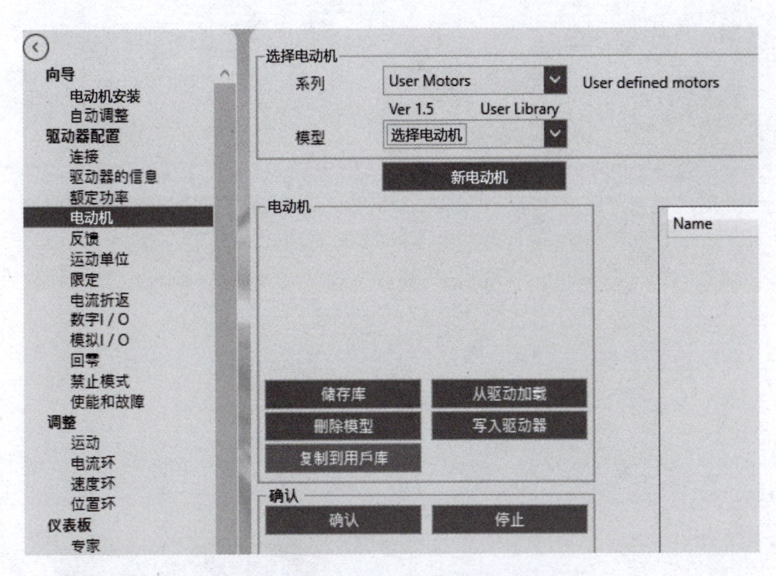

图 1-10　ServoStudio 电动机界面

（2）输入电动机参数

在电动机界面的“选择电动机”模块下，选择“UserMotors”系列。接下来需要设置电动机参数并进行电动机确认：单击“新电动机”按钮出现电动机参数配置界面，如图 1-11 所示。

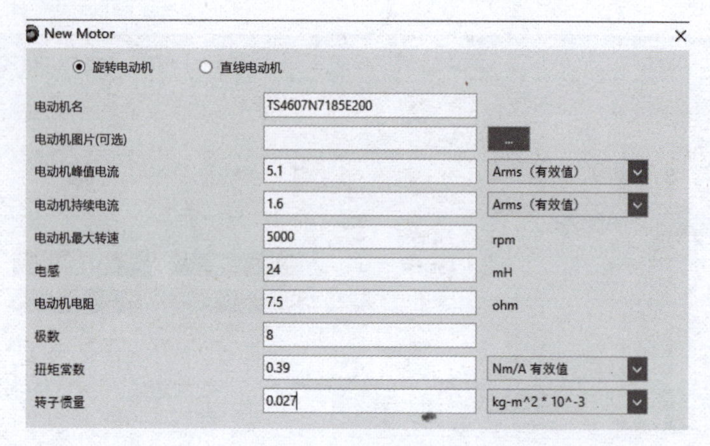

图 1-11　ServoStudio 电动机参数配置界面

然后依据电动机厂家所提供的资料填写图 1-11 中的参数。特别注意：

①电动机峰值电流和电动机持续电流有峰值和有效值之分，Arms 为有效值，Amp 为峰值。

②电感和电动机电阻指的是定子线圈的线电感和线电阻。

（3）设定反馈数据

在电动机参数填写完成后，单击“下一步”按钮，进入如图 1-12 所示的编码器数据配置界面。根据电动机资料选择电动机的编码器相关参数，包括编码器类型和分辨率。

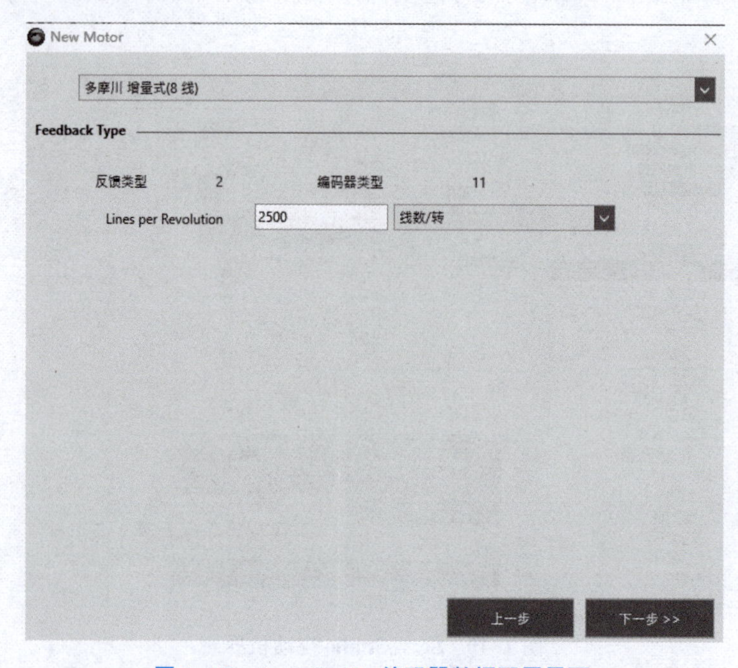

图 1-12　ServoStudio 编码器数据配置界面

（4）温度保护设置

编码器反馈填写完后单击“下一步”按钮，出现如图 1-13 所示的电动机温度保护设置界面，会出现电动机过温选项，此处选择“3-lgnore thermostat input”，然后单击“Finish”按钮。

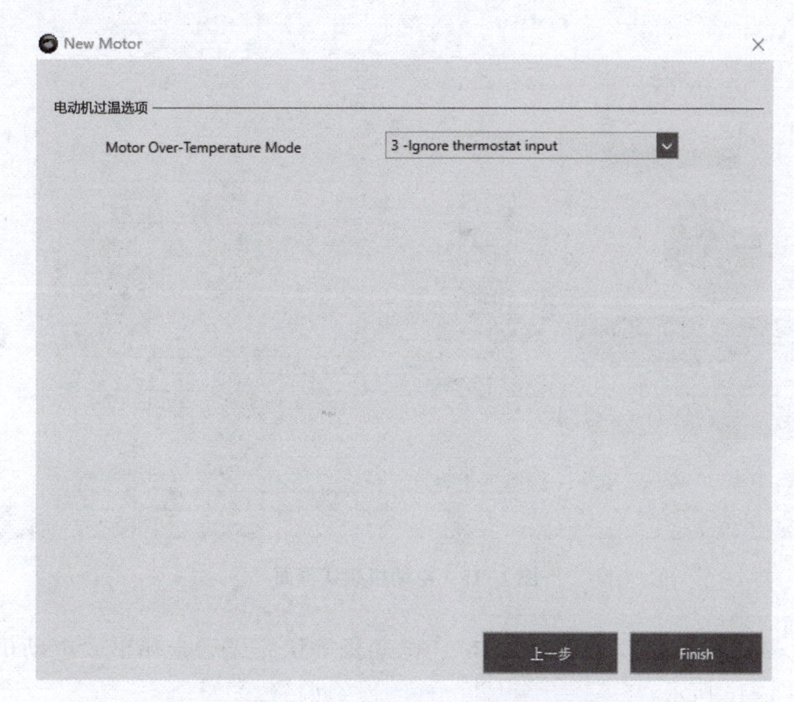

图 1-13　ServoStudio 电动机温度保护设置界面

（5）配置数字 I/O

在进行电动机安装的过程中驱动器软件需要对伺服电动机进行使能操作，因此需要设置 I/O 输入状态，以允许驱动器软件进行使能信号的控制。选择“驱动器配置”→“数字 I/O”，在“数字 I/O”界面，将“数字输入”模块的“Input1”，由“1-Remote enable”切换为“0-Idle”，如图 1-14 所示。

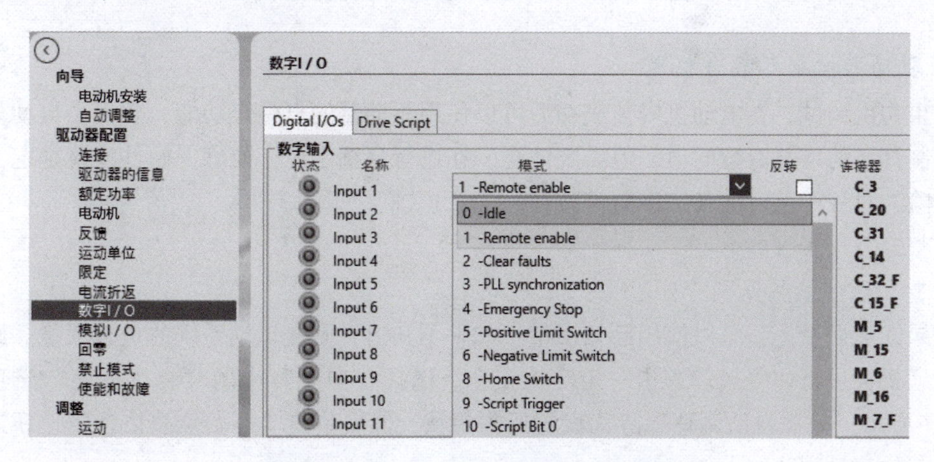

图 1-14　ServoStudio“数字 I/O”界面

（6）验证参数

进入电动机确认界面，如图 1-15 所示，单击“写入驱动器”按钮将电动机参数写入驱动器，再单击“确认”按钮进入电动机确认步骤。

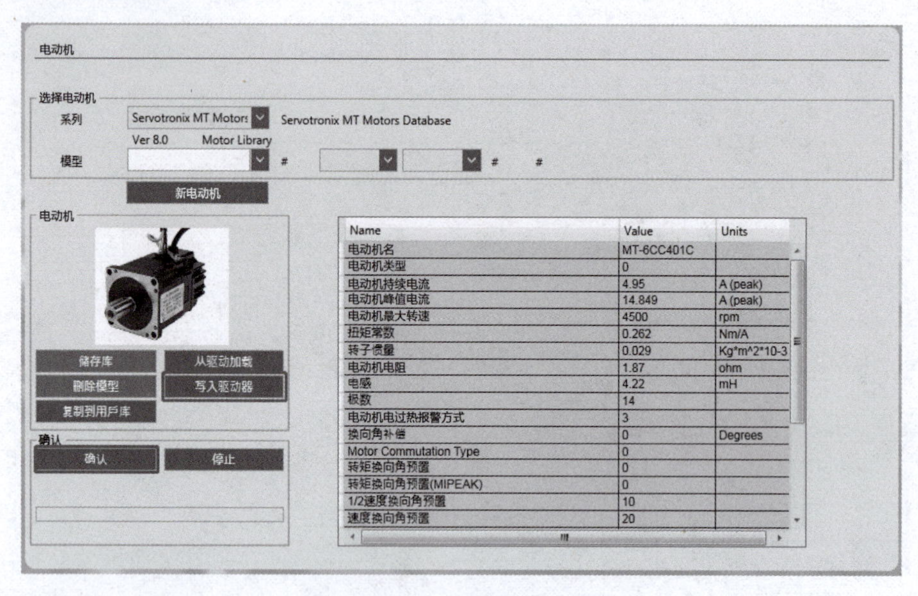

图 1-15　电动机确认界面

过程中，驱动器数码管将显示“At1”，电动机确认完成后会弹出“电动机安装成功”的提示，如图 1-16 所示。

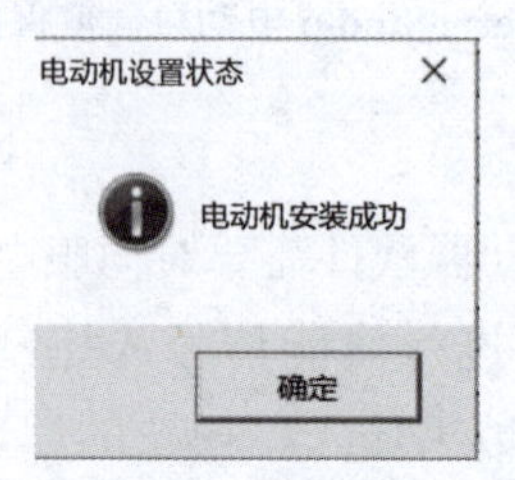

图 1-16　“电动机安装成功”的提示界面

3. 驱动器控制参数自整定

如果初次调试，在电动机安装成功后可以使用驱动器的自整定功能，软件会自动算出驱动器控制算法的增益参数的值。但需要注意，在进行自整定前，要确保硬件连接稳定，不会发生危险，过程中随时准备按下急停按钮。

自整定方法步骤如下：

（1）负载惯量测算

如果知道惯量比，可以使用已知惯量；如果不知道，则先识别系统的负载惯量。此过程中，电动机会进行往复运动，请一定注意安全。选择“向导”中的“自动调整”选项，如图 1-17 所示，在“自动调整”界面设置所需参数，然后单击“开始负载估计”按钮进入电动机负载估算过程。

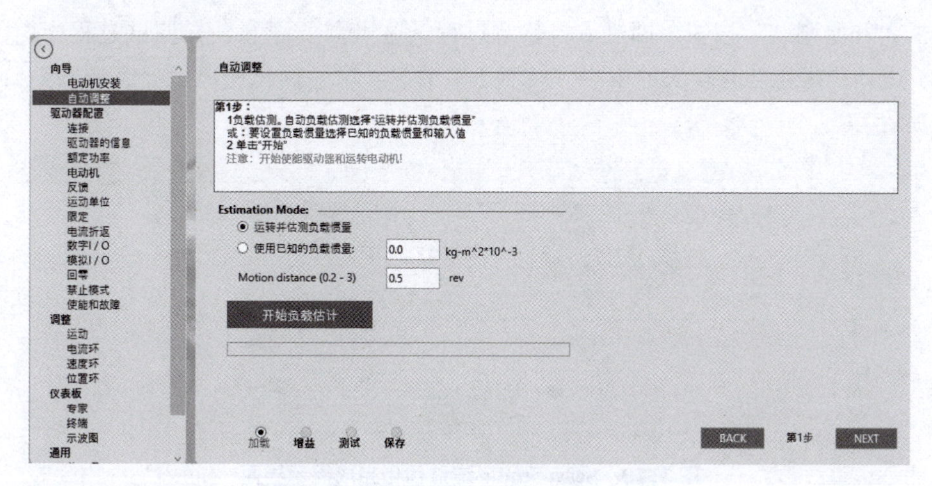

图 1-17　ServoStudio“自动调整”界面

待估算完成后会弹出如图 1-18 所示的“自动调整”提示界面。

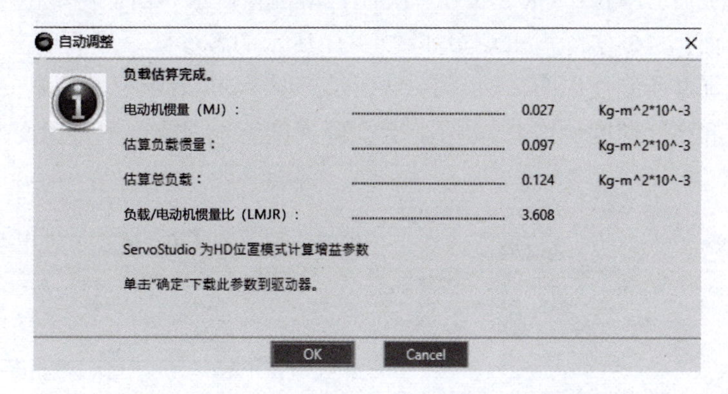

图 1-18　ServoStudio“自动调整”提示界面

（2）增益优化

负载估算完成后，单击“OK”按钮，然后单击“NEXT”按钮即进入自动调整界面，再根据实际情况设置好距离（即位移，根据实际设备确定，单向运动不能超出电动机行程）、速度和加速度，如图 1-19 所示。

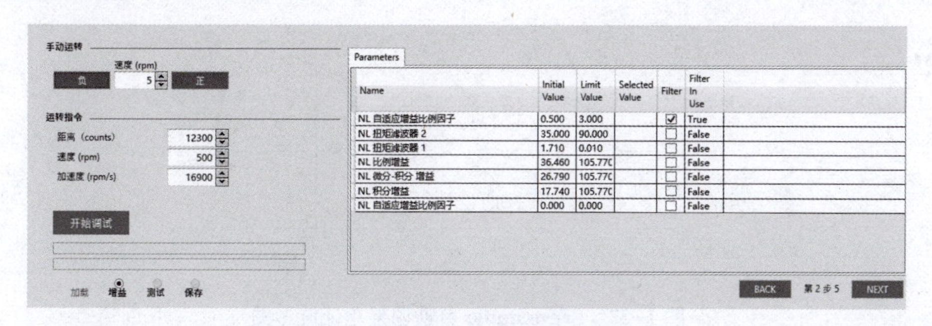

图 1-19　ServoStudio 自动调整界面

单击“开始调试”按钮，即进入自整定过程。这里需要注意，在调试过程中由于增益的变化，电动机运行会有较大的声响，属于正常情况。增益优化完成后会有如图 1-20 所示的界面提示。

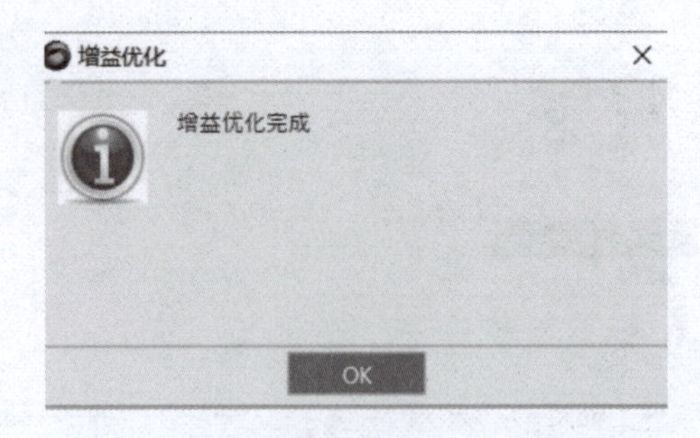

图 1-20　ServoStudio 增益优化完成提示界面

（3）测试调试效果

增益优化完成后，单击“OK”按钮，关闭自动调整提示界面，再单击“NEXT”按钮，进入参数验证界面，根据实际需求填写如图 1-21 所示的各参数。然后单击“运行并画图”按钮进行参数验证并绘制波形图，如图 1-22 所示。图中 PE 表示位置误差，PTPVCMD 与 V 分别是规划速度和实际速度，当 PE 越小，且实际速度和规划速度拟合程度越高时，参数调试效果越好。

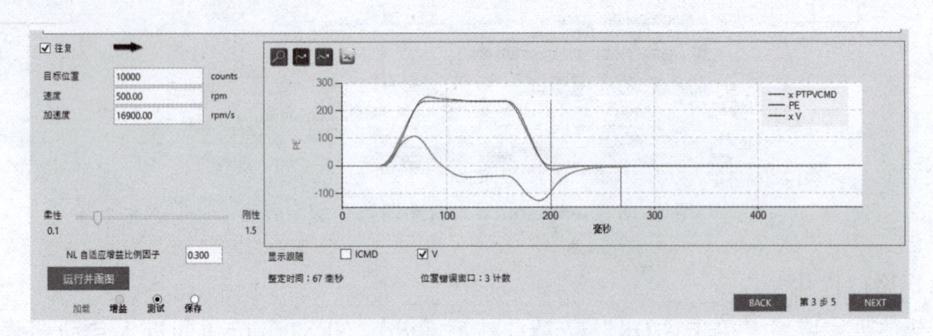

图 1-21　ServoStudio 自动调整测试界面

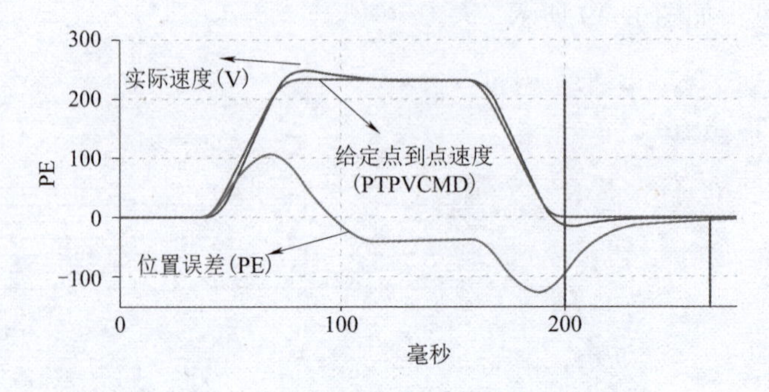

图 1-22　ServoStudio 自动调整验证波形图

（4）保存参数

单击“NEXT”按钮进入参数保存界面，再单击如图 1-23 所示的下载参数图标将参数下载到驱动器。

图 1-23　ServoStudio 下载参数图标

四、伺服驱动器的三环控制

当自整定完成后，若电动机运动仍无法满足实际需求，就需要对伺服电动机的三环参数进行手动调节。伺服驱动器对电动机的控制以三环为基础，所谓三环就是 3 个闭环负反馈 PID 调节系统。三种控制模式的伺服电动机控制系统结构如图 1-24 所示。

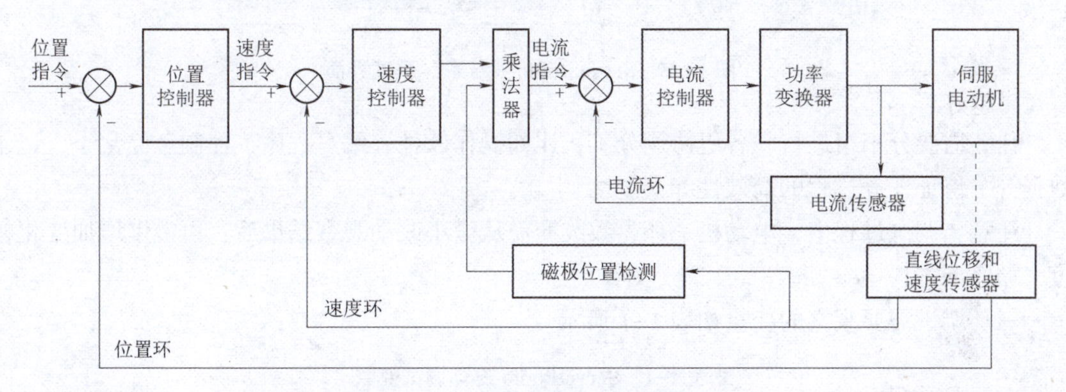

图 1-24　伺服电动机控制系统结构

①电流环为三环最内环，电流环完全在伺服驱动器内部进行，通过电流传感器检测驱动器给电动机的各相输出电流，负反馈到电流控制部分进行 PID 调节，从而达到输出电流尽量接近设定电流，电流环就是控制电动机转矩的环节，所以在转矩模式下驱动器运算量最小，动态响应最快。

②速度环是次外环，通过被检测的伺服电动机编码器的信号进行负反馈 PID 调节，它的环内 PID 输出直接就是电流环的设定，所以速度环控制时就包含了速度环和电流环。（任何模式都必须使用电流环，电流环是控制的根本，在速度与位置控制的同时，系统实际也在进行电流（转矩）的控制以达到速度和位置的相应控制。）

③位置环为最外环，它是位置给定与调节环节，它的环内 PID 输出直接就是速度环的设定。其反馈信号可取自电动机编码器，也可取自最终负载，需根据实际情况确定。由于位置环内部输出的是速度环的设定，位置控制模式下系统进行了所有三个环的运算，此时的系统运算量最大，动态响应速度最慢。

【任务实施】

一、工作分析

伺服电动机三环调试可以在调试软件的“专家”测试界面进行，如图 1-25 所示。可以参考提供的调试脚本，将程序写进“Script”中，单击运行按钮图标（黑底白色三角形图标），可在右侧观察当前参数下变量曲线，脚本中的参数可根据实际曲线需求进行调整。

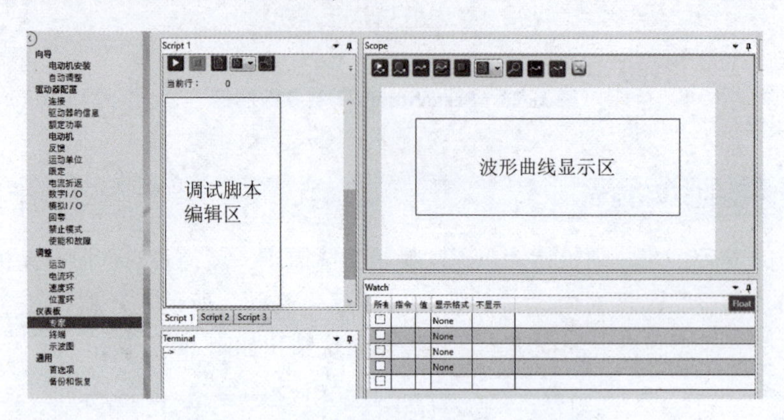

图 1-25　ServoStudio“专家”测试界面

任务需要分小组进行，各组协调分工，比如操作软件、编写程序、控制急停盒子、记录数据等，保证任务过程的高效性和安全性。

注意：调试过程中，电动机三环参数改变需从微小改动观察结果后，再慢慢增加变化幅度，循序渐进！

三环调试需要观察的变量如表 1-1 所示。

表 1-1　ServoStudio 三环调试变量

	观察的变量
电流环	ICMD（给定电流）
	IQ（实际转矩电流）
速度环	VCMD（给定速度）
	V（实际转速）
位置环	PCMD（给定位置）
	PFB（实际位置）
	PE（位置误差）
	PTPVCMD（点到点速度给定值）

二、工作步骤

步骤1：电流环调试

电流环调试界面如图1-26所示，电流环更改参数需要配置（config）后才能生效，对应的是伺服电动机控制系统结构图中的电流控制器环节，对KcBemf（电流前馈反电动势补偿比）、KCFF（电流前馈增益）、KCI（电流积分增益）、KCP（电流比例增益）四个参数的调整就相当于伺服电动机电流环的调试。

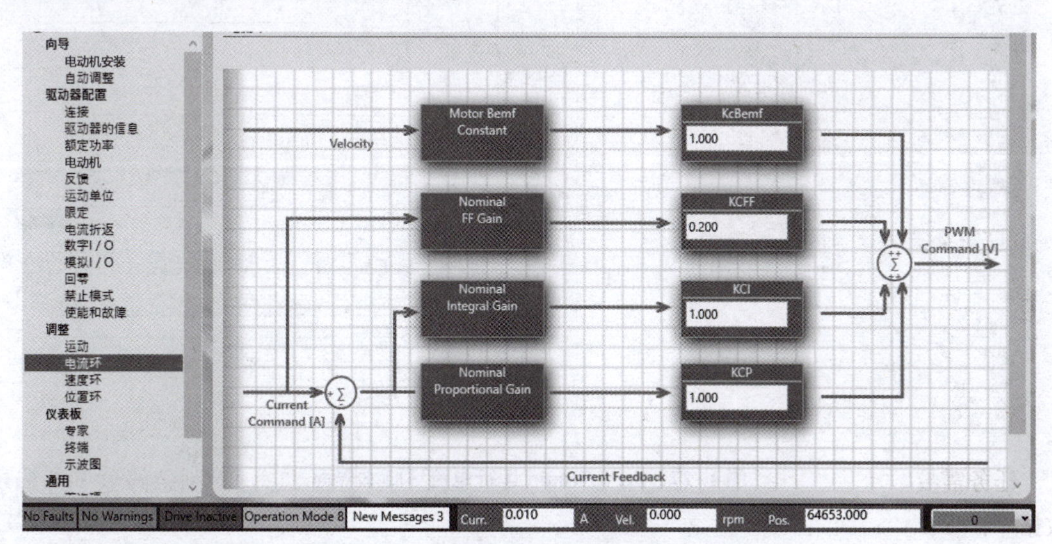

图1-26　ServoStudio“电流环”调试界面

电流环调试脚本程序如下：

k;驱动器下使能

opmode 2;设置驱动器控制模式为串口电流

kcbemf 1;设置电流环电流前馈反电动势补偿比为1

kcff 1;设置电流环电流前馈增益为1

kci 0.1;设置电流环电流积分增益为0.1

kcp 1;设置电流环电流比例增益为1

recoff;关闭数据记录

record 30 1000"icmd"iq;采样周期为30(每30个周期采样一个点,周期为31.25μs),1000个采样点,观察变量为icmd、iq

rectrig"imm;立即触发数据记录

en;驱动器上使能

t 0.2;给定正向0.2A电流

#Delay 100;延时100ms

t -0.2;给定反向0.2A电流

#Delay 100;延时100ms

k;驱动器下使能

#Plot;画图

运行电流环脚本，如图 1-27 所示，然后得到电流环的调试曲线，如图 1-28 所示。

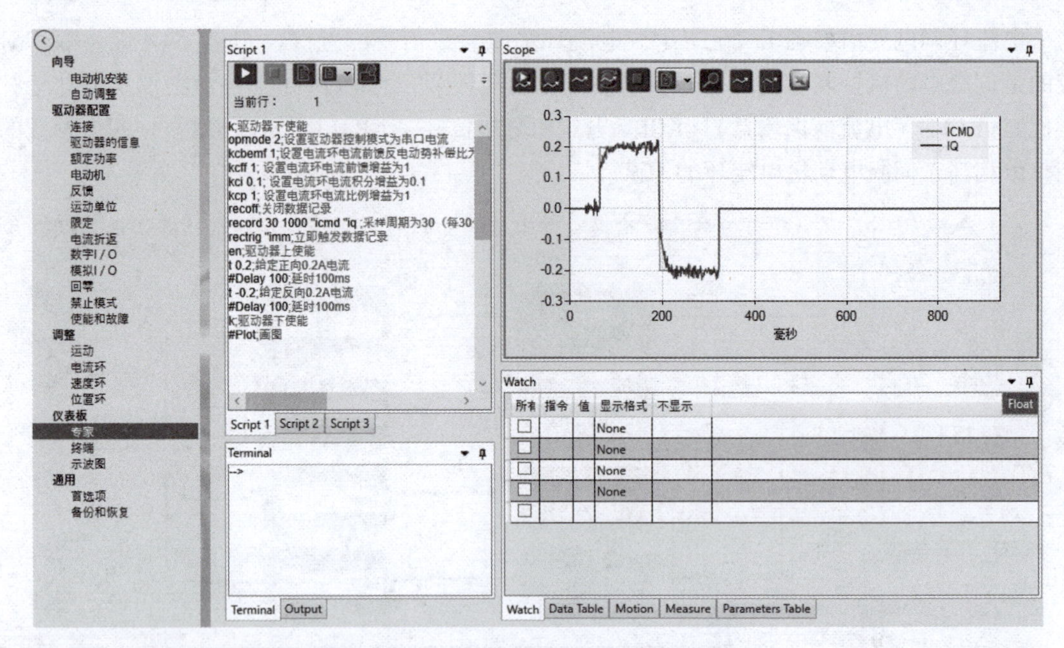

图 1-27　ServoStudio 运行电流环脚本界面

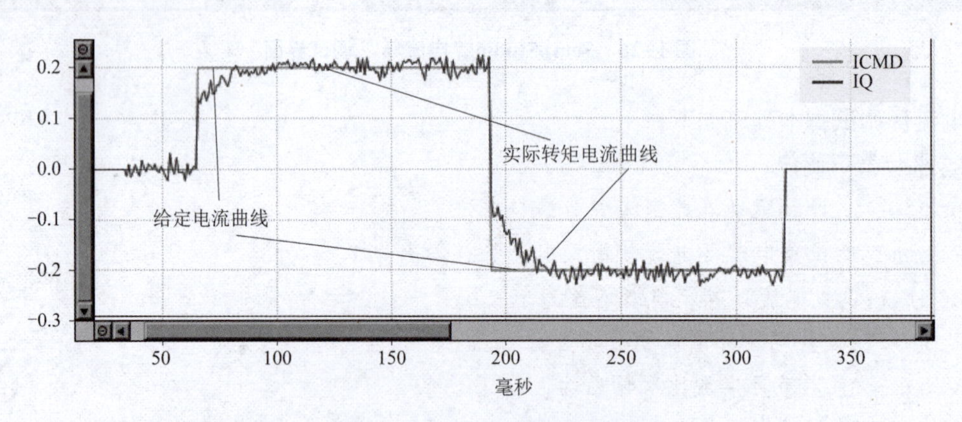

图 1-28　ServoStudio 电流环调试曲线图（一）

驱动器自整定后，电流环 KcBemf、KCFF 两个参数基本不用修改。

当 KCI 从 0.1 增加到 1 时，如图 1-29 所示，实际转矩电流曲线能够快速达到给定值，跟随变好。

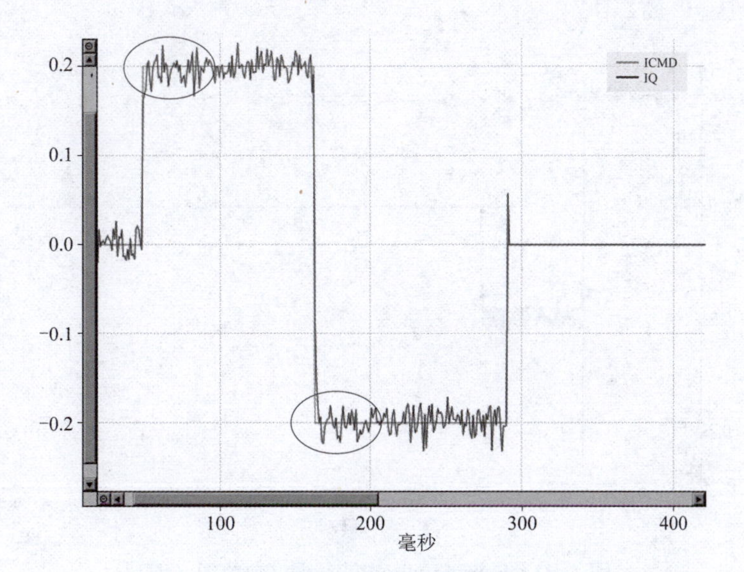

图 1-29　ServoStudio 电流环调试曲线图（二）

当 KCI 从 1 慢慢增加到 18 时，如图 1-30 所示，实际转矩电流曲线已经出现震荡，同时电动机伴随有啸叫，此时应减小 KCI 的取值。

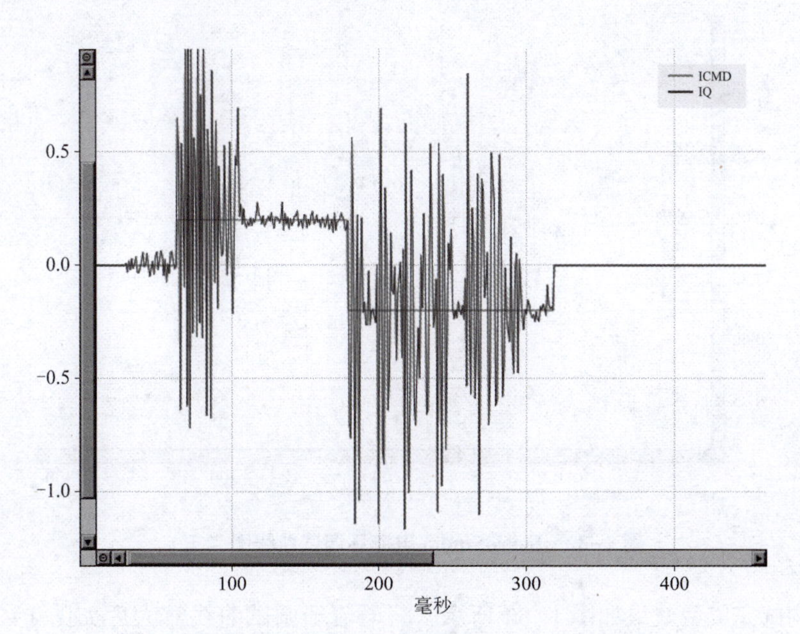

图 1-30　ServoStudio 电流环调试曲线图（三）

当 KCP 从 1 增加到 2 时，如图 1-31 所示，实际转矩电流曲线会出现突起。

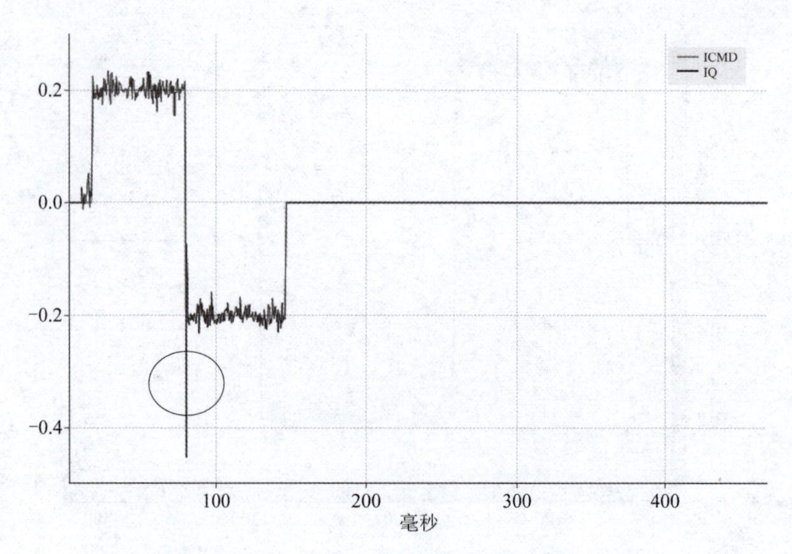

图 1-31　ServoStudio 电流环调试曲线图（四）

当 KCP 从 2 增加到 4 时，如图 1-32 所示，实际转矩电流曲线严重振荡，所以 KCP 取值不能过大。

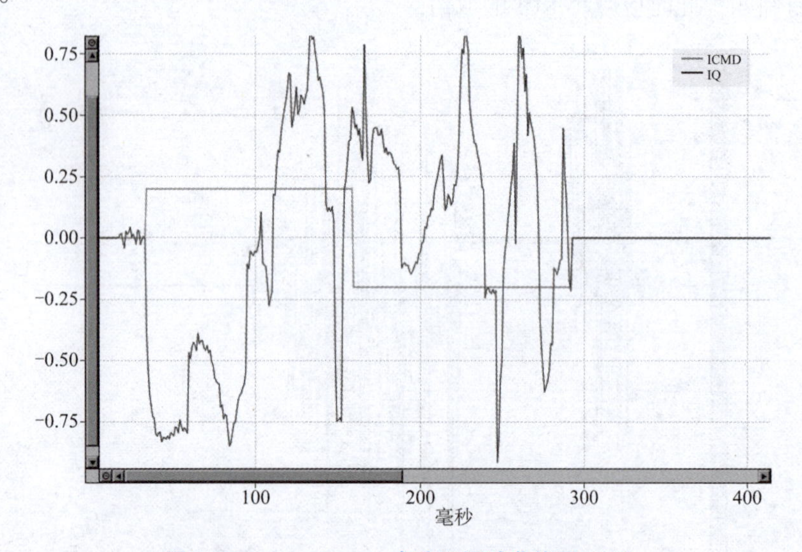

图 1-32　ServoStudio 电流环调试曲线图（五）

电流环调试完成后效果如图 1-33 所示，将电流环调试曲线放大后如图 1-34 所示。电流环图像波形调试要求：

①图形可以允许偶尔间有突起，一般不要超过 3 个。

②图像中匀速阶段的波动最好控制在 10%以内，最多不要超过 20%，比如给定电流为 0. 2 A，匀速阶段实际转矩电流应在 0. 2 A±0. 02 A 波动。

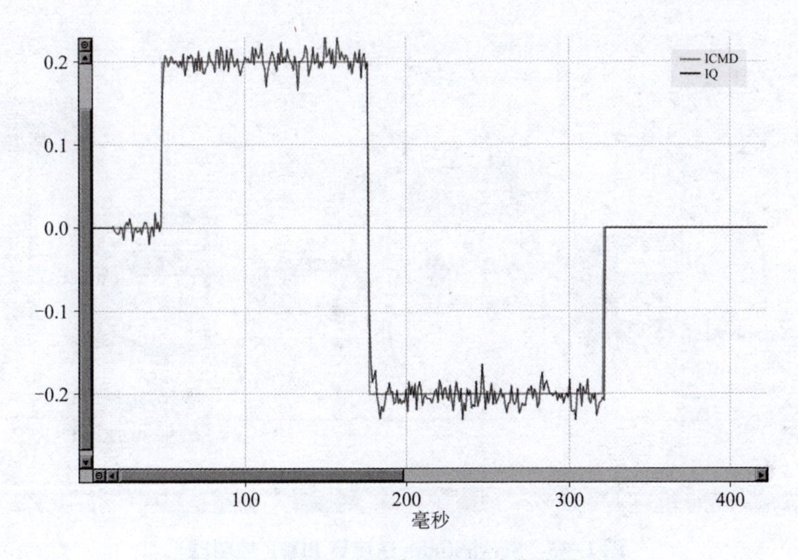

图 1-33　ServoStudio 电流环调试曲线图（六）

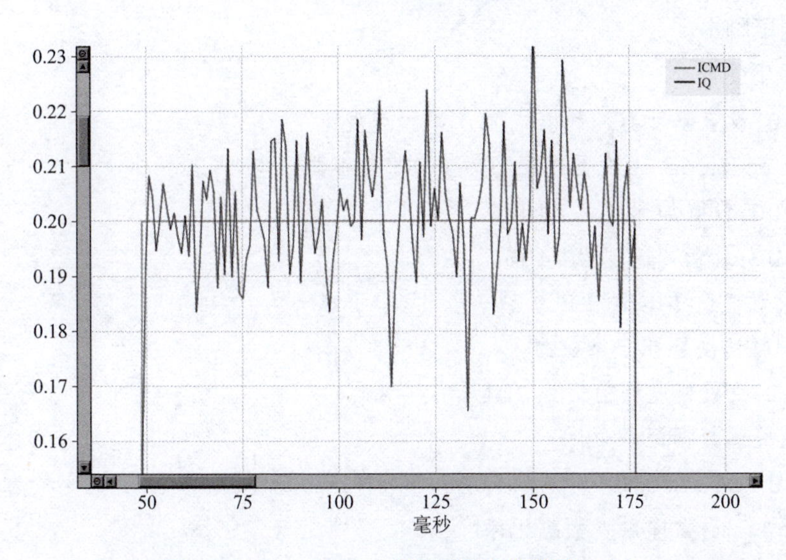

图 1-34　ServoStudio 电流环调试曲线图（七）

电流环注意事项：

①特别注意，调试电流环的时候会使抱闸打开，垂直方向要有防掉落的措施。

②电流环跟踪误差要满足系统最低要求。

步骤 2：速度环调试

速度环 PDFF 控制器如图 1-35 所示，对应的是伺服电动机控制系统结构图中的速度控制器环节，对 KVI（速度积分增益）、KVP（速度比例增益）、KVFR（速度环前馈）三个参数的调整就相当于伺服电动机速度环的调试。

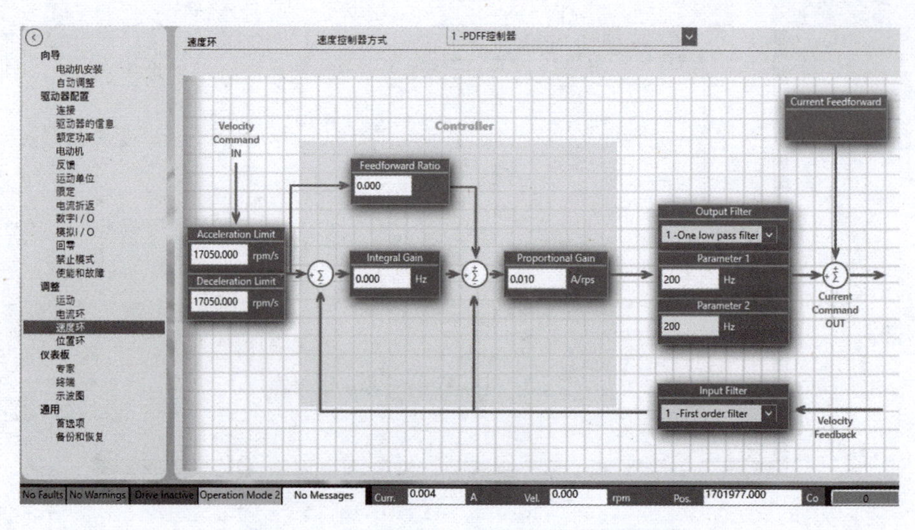

图 1-35　ServoStudio 速度环 PDFF 控制器

速度环调试脚本：

```
K;驱动器下使能
opmode 0;设置驱动器控制模式为 0 串行速度
velcontrolmode 1;设置速度环为 PDFF 控制器
acc 74000;设置加速度为 74000
dec 74000;设置减速度为 74000
kvp 1;设置速度环比例增益为 1
kvi 1;设置速度环积分增益为 1
kvfr 0.1;设置速度环前馈为 0.1
recoff;关闭数据记录
record 8 2000"vcmd"v;记录 2000 个采样点,采样周期为 8,观察变量为 vcmd、v
rectrig"imm;立即触发数据记录
en;驱动器上使能
#Label accelerate;设置循环标志
j 500;设置速度为 500rpm
#Delay 100;延时 100ms
j -500;设置速度为-500rpm
#Delay 100;延时 100ms
;#Goto accelerate;跳转到循环标志处
k;驱动器下使能
#Plot;画图
```

运行速度环脚本，如图 1-36 所示，得到的速度环调试曲线结果如图 1-37 所示，实际转速和给定转速误差很大。

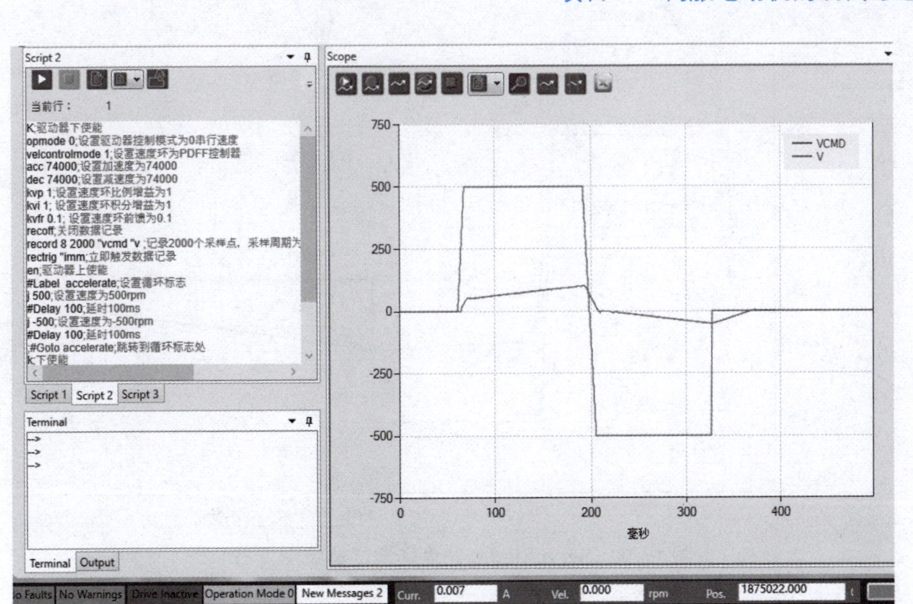

图 1-36　ServoStudio 速度环调试曲线图（一）

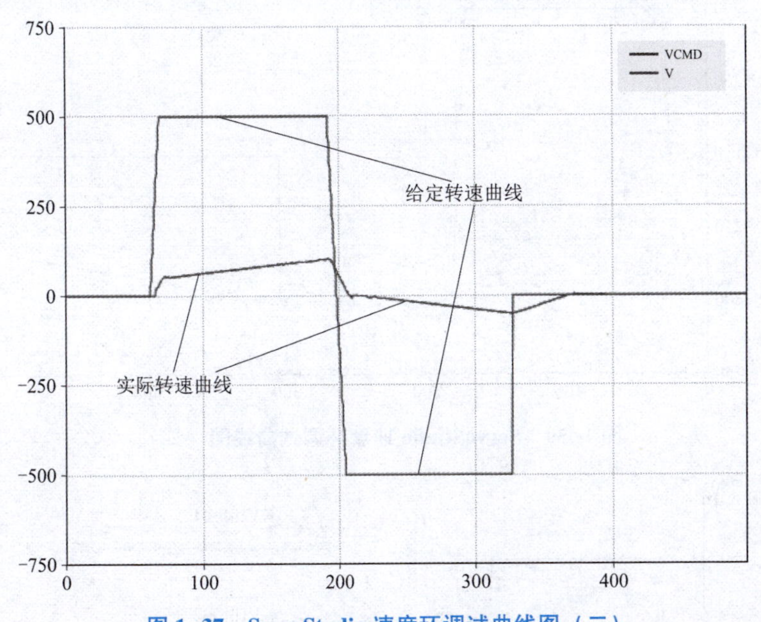

图 1-37　ServoStudio 速度环调试曲线图（二）

当速度环脚本参数 KVFR 从 0.1 增加到 0.5 时，如图 1-38 所示，速度稳态误差降低 50%。

当 KVFR 从 0.5 增加到 1（最大值）时，实际转速与给定转速稳态时基本重合；当 KVP 从 1 增加到 2 时，加减速误差缩小，到达给定速度时间缩短；当 KVP 从 2 增加到 5 时，加减速误差进一步缩小，但是出现超调，并且稳态时间加长，如图 1-39 所示。所以需要根据时间情况，调试出合适的 KVP 值。

当 KVI 从 1 开始慢慢增加时，速度稳态误差先变小后变大，最后会严重超调，如图 1-40 所示，调试需要根据实际响应曲线选择合适的取值。

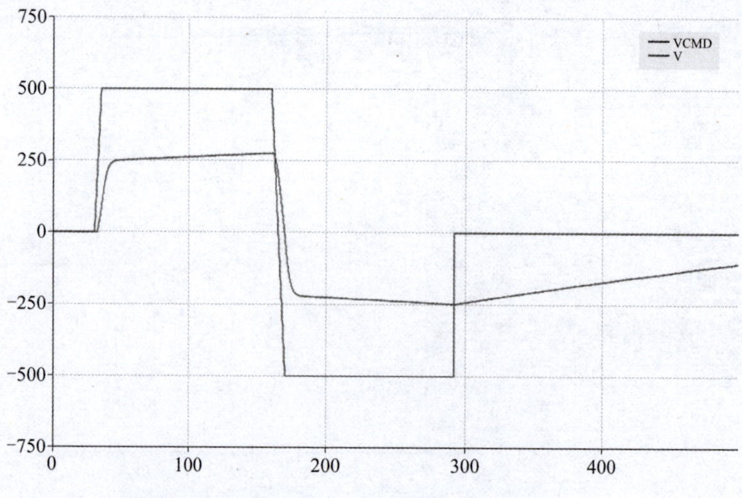

图 1-38　ServoStudio 速度环调试曲线图（三）

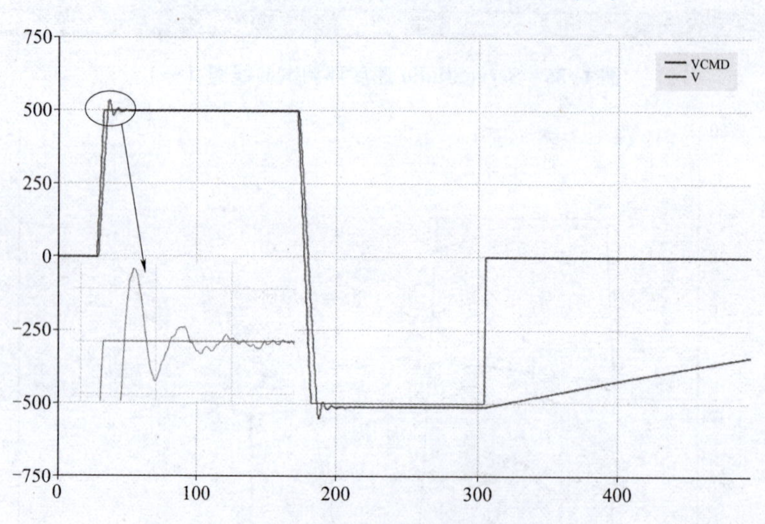

图 1-39　ServoStudio 速度环调试曲线图（四）

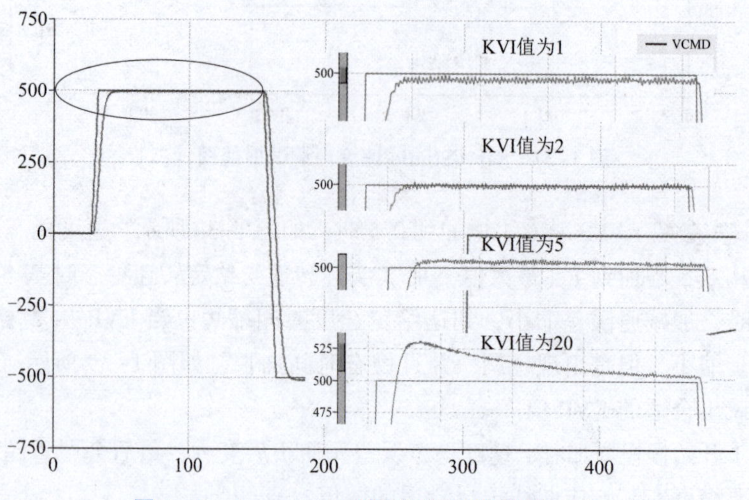

图 1-40　ServoStudio 速度环调试曲线图（五）

假如系统需要最快的响应速度，则需要提高 KVP（速度比例增益），减小 KVI（速度积分增益），并且提高 KVFR（速度环前馈）。当系统需要最大的低频刚性时，可调低 KVFR，使得提高 KVI 时不产生超调，但系统的响应速度会下降。因此，适中的 KVFR 比较适合运动控制应用。KVI 的提高，需要相应地提高 KVP，以提高速度环的响应时间，这 2 个参数的调整，是一个反复的过程。

步骤 3：位置环调试

位置环 HD 控制器如图 1-41 所示，对应的是图 1-24 所示的伺服电动机控制系统结构图中的位置控制器环节，对 KNLD（微分增益）、KNLP（比例增益）、KNLIV（微分-积分增益）、KNLI（积分增益）四个参数的调整就相当于伺服电动机位置环的调试。

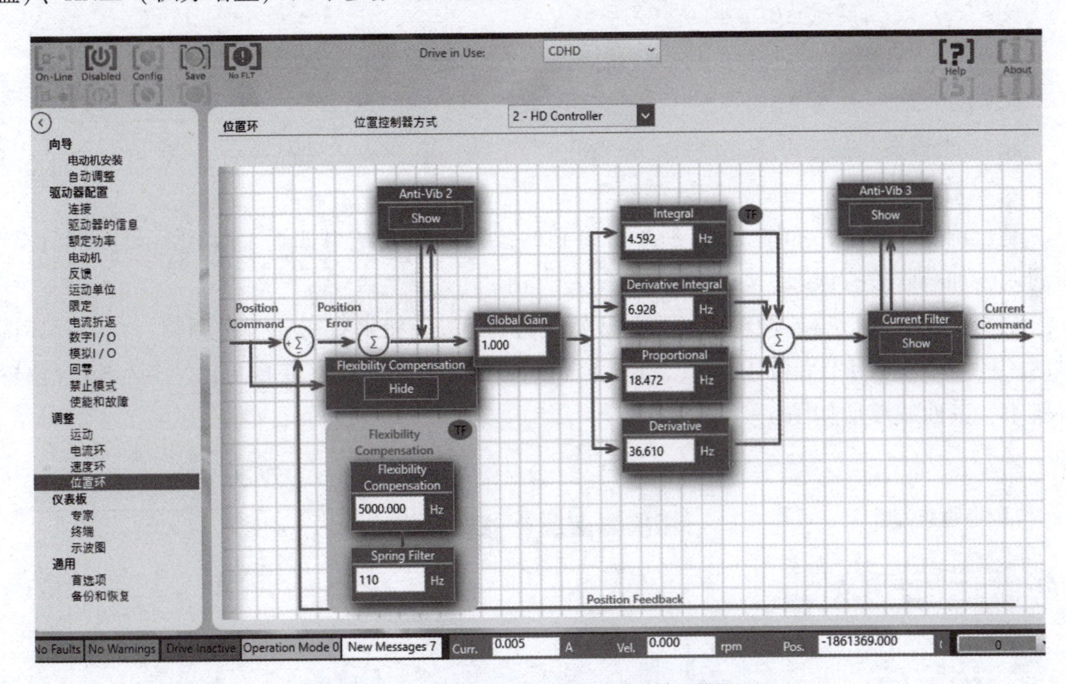

图 1-41　ServoStudio 位置环参数配置界面

位置环调试脚本：

```
#var $distance1=10000;定义位移 1 为 10000 脉冲
#var $velocity1=1000;速度 1 设定为 1000r/min
#var $distance2=-10000;定义位移 2 为-10 000 脉冲
#var $velocity2=1000;速度 2 设定为 1000r/min
k;驱动器下使能
opmode 8;设置控制模式为位置模式
poscontrolmode 1;设置位置环为 HD 控制器
acc 50000;设置加速度为 50000
dec 50000;设置减速度为 50000
knlusergain 0.5;
```

```
knli 1;
knliv 1;
knlp 10;
knld 10;
RECOFF;关闭数据记录
record 8 2000"pfb"pcmd;选择记录变量
rectrig"imm;立即触发数据记录
EN;驱动器上使能
moveinc $distance1 $velocity1;1500 的速度正向运动 10000 脉冲
#delay 300;延时 300ms
moveinc $distance2 $velocity2;1000 的速度负向运动 10000 脉冲
#delay 300;延时 300ms
#plot;画图
k;驱动器下使能
```

运行位置环脚本，如图 1-42 所示，得到的位置环曲线结果如图 1-43 所示，实际位置有超调，加减阶段有误差。

全局增益可以影响各种现象，一般开始设置为 0.7，如果有需要再做调整。在位置环调试时，还需要观察 PTPVCMD、V、PE、ICMD 四个变量。将观察变量更改之后，运行位置环脚本，其曲线波形如图 1-44 所示。

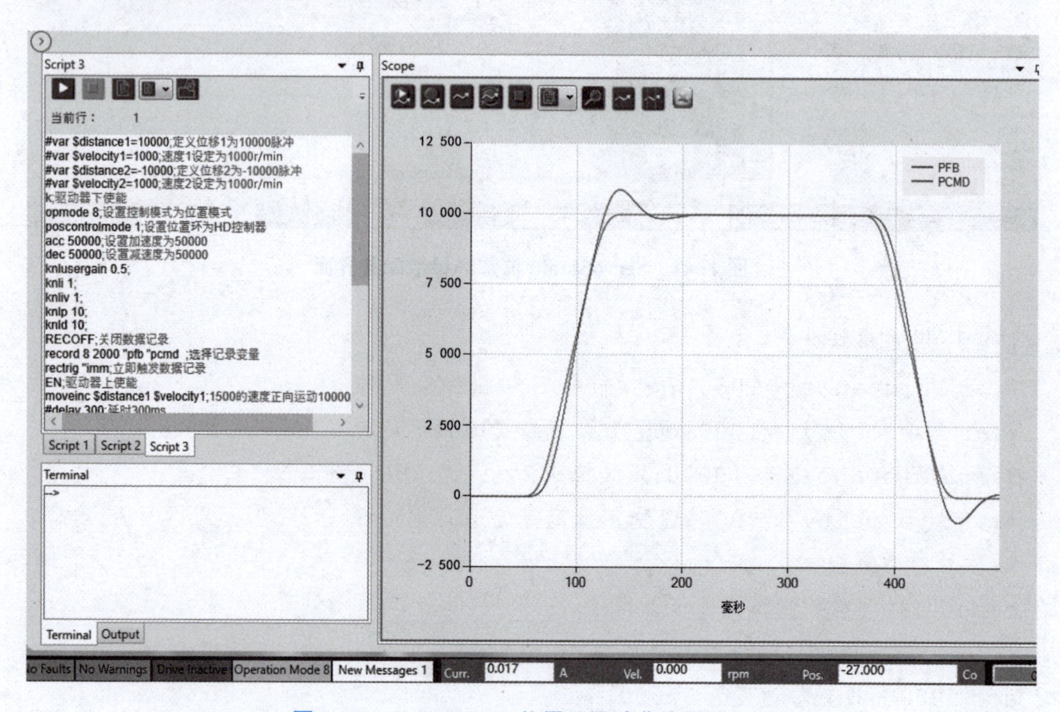

图 1-42　ServoStudio 位置环调试曲线图（一）

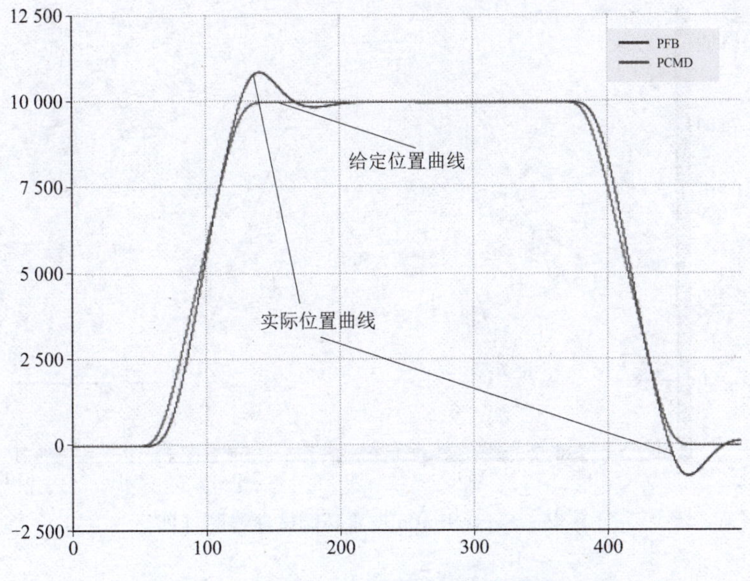

图 1-43　ServoStudio 位置环调试曲线图（二）

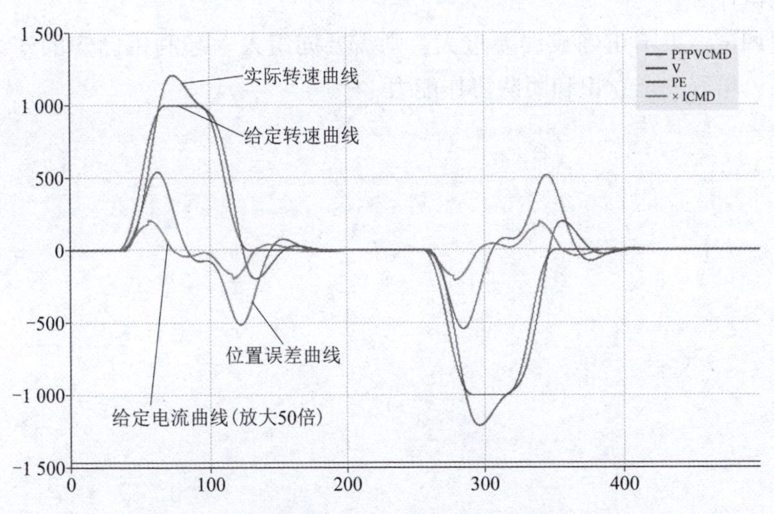

图 1-44　ServoStudio 位置环调试曲线图（三）

总结一下位置环参数的基本原则：

KNLD（微分增益）增大，则电流增大，同时也有降低跟踪误差的作用（一般对匀速阶段的电流和误差）；

KNLP（比例增益）增大，可以降低所有的跟踪误差；

KNLIV（微分-积分增益）增大，可以减小加减速时的跟踪误差，但过大时会产生超调振荡，停止时间过长；

KNLI（积分增益）增大，可以减小停止时的跟踪误差以及对应时间。

通过对位置环四个参数的调整，可以得到如图 1-45 所示的效果。

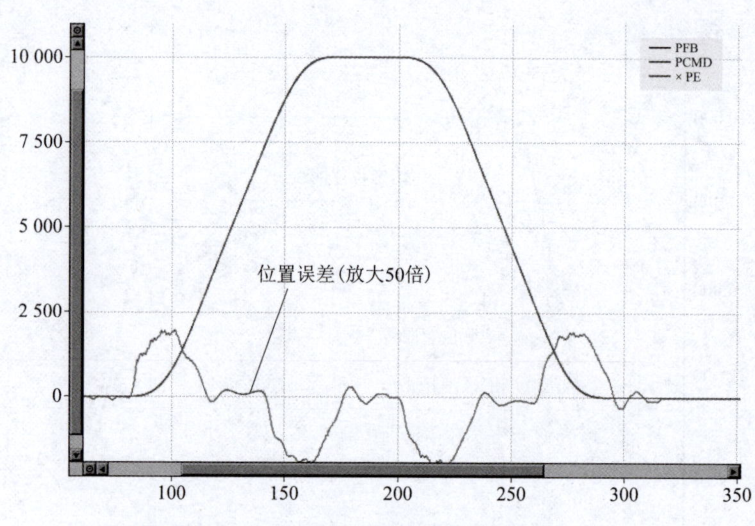

图 1-45　ServoStudio 位置环调试曲线图（四）

实际位置曲线与给定位置曲线基本重合，并且位置跟踪误差最小（<50 脉冲），即完成伺服电动机调试任务。

如果小组调试结果不正确或误差过大，则需要同组人一起利用已知的知识分析问题所在，耐心调整，培养安全意识和团队协作能力。

【任务评价】

<table>
<tr><th>评价内容</th><th>评价标准</th><th>配分</th><th>扣分</th></tr>
<tr><td rowspan="2">GTHD 伺服驱动器调试平台搭建</td><td>正确连接电动机、驱动器、工控机等硬件</td><td>2</td><td></td></tr>
<tr><td>正确操作 ServoStudio 软件，建立通信</td><td>2</td><td></td></tr>
<tr><td rowspan="4">驱动器参数自整定</td><td>正确输入伺服电动机参数</td><td>6</td><td></td></tr>
<tr><td>正确设定编码器参数</td><td>2</td><td></td></tr>
<tr><td>正确配置数字 I/O</td><td>2</td><td></td></tr>
<tr><td>验证电动机安装成功</td><td>2</td><td></td></tr>
<tr><td rowspan="3">伺服电动机电流环调试</td><td>正确输入电流环调试脚本</td><td>6</td><td></td></tr>
<tr><td>完成电流环调试流程</td><td>10</td><td></td></tr>
<tr><td>调试出符合要求的电流环曲线图</td><td>10</td><td></td></tr>
<tr><td rowspan="3">伺服电动机速度环调试</td><td>正确输入速度环调试脚本</td><td>6</td><td></td></tr>
<tr><td>完成速度环调试流程</td><td>10</td><td></td></tr>
<tr><td>调试出符合要求的速度环曲线图</td><td>10</td><td></td></tr>
<tr><td rowspan="3">伺服电动机位置环调试</td><td>正确输入位置调试脚本</td><td>6</td><td></td></tr>
<tr><td>完成位置环调试流程</td><td>10</td><td></td></tr>
<tr><td>调试出符合要求的位置环曲线图</td><td>10</td><td></td></tr>
<tr><td rowspan="3">安全操作规范</td><td>未出现带电连接线缆</td><td>2</td><td></td></tr>
<tr><td>未出现交流 220 V 电源短路故障</td><td>2</td><td></td></tr>
<tr><td>未损坏线缆、零件，运行过程未发生异常碰撞</td><td>2</td><td></td></tr>
<tr><td colspan="3">成绩</td><td></td></tr>
<tr><td colspan="4">收获体会：

学生签名：　　年　　月　　日</td></tr>
<tr><td colspan="4">教师评语：

教师签名：　　年　　月　　日</td></tr>
</table>

工作任务二 伺服电动机选型

【任务描述】

某工厂有一套伺服电动机系统，传动结构如图 1-46 所示。负载的运动形式已确定，传动结构采用滚珠丝杠的结构，系统的已知参数如表 1-2 所示，要求为系统选择合适的伺服电动机。

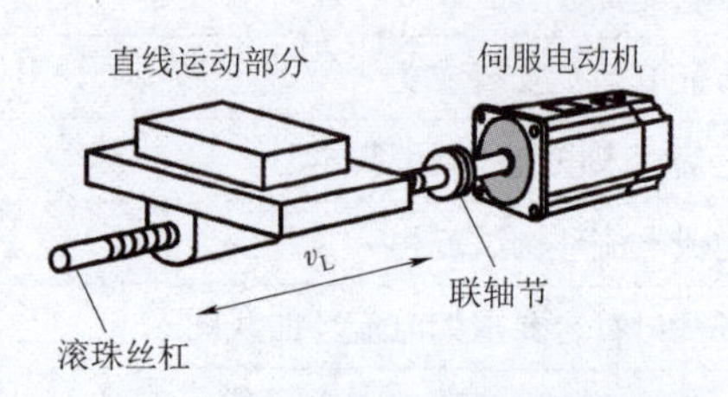

图 1-46 伺服电动机系统传动结构

表 1-2 系统的参数表

项目	符号	值	项目	符号	值
负载速度	v_L	15 m/min	联轴节的外径	d_C	0. 03 m
直线运动部质量	m	80 kg	传送次数	n	40 次/min
滚珠丝杠长度	l_B	0. 8 m	传送长度	l	0. 25 m
滚珠丝杠直径	d_B	0. 016 m	传送时间	t_m	1. 2 s 以下
滚珠丝杠导程	P_B	0. 005 m	电器停止精度	δ	±0. 01 mm
滚珠丝杠材质密度	ρ	7.87×10^3 kg/m^3	摩擦系数	μ	0. 2
直线运动部分承受的外力	F	0 N	机械效率	η	0. 9（90%）
联轴节质量	m_C	0. 3 kg			

【相关知识】

一、电动机选型原则

通常的选型原则是寻找可以满足运动速度、转矩、惯量比要求的最小电动机。主要考虑以下 4 个因素：

①电动机速度（ω_m）。

②电动机速度对应的峰值转矩（T_{peak}）。

③电动机速度对应的有效值转矩（T_{RMS}）。

④惯量比（J_R）。

伺服电动机的选型计算，首先根据已知条件得到电动机的速度规划，计算满足要求的电动机轴运行速度，同时需要计算出最大负载时的负载转矩；其次要保证在期望速度下所需电动机的峰值和有效值转矩在被选择电动机的峰值和连续运行转矩范围之内；此外，还要考虑系统的惯量比、电动机功率、编码器分辨率以及脉冲频率等因素。

二、运行转矩的计算

从电动机轴看整个系统，可以看到两种转矩，一个是电动机提供的转矩 T_M，一个是负载折算到电动机轴的转矩 $T_{load \to M}$，如图 1-47 所示。

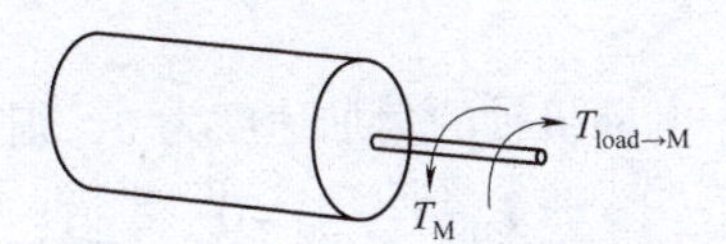

图 1-47　电动机轴上的转矩

根据牛顿第二定律，可得：

$$\sum T = J_{total} \frac{d^2\theta_m}{dt^2} \tag{1-1}$$

则电机轴上的转矩平衡方程为：

$$T_M - T_{load \to M} = J_{total} \frac{d^2\theta_m}{dt^2} \tag{1-2}$$

或

$$T_M = J_{total} \frac{d^2\theta_m}{dt^2} + T_{load \to M} \tag{1-3}$$

式中，T_M 是电动机提供的运行转矩；J_{total} 是电动机轴之后的系统的所有传动部件、负载等折算到电动机轴的转动惯量；$\frac{d^2\theta_m}{dt^2}$是电动机轴的角加速度；$T_{load \to M}$ 是电动机轴之后的系统的所有负载折算到电动机轴所需要的转矩要求。

来源于外部的负载转矩 T_{ext} 等于摩擦转矩、重力转矩和加工转矩（例如装配期间作用在机械工具上的转矩）之和。当电动机直接驱动负载时，有

$$T_{load \to M} = T_{ext} \tag{1-4}$$

当电动机通过减速机等传动机构驱动负载时，T_{ext} 必须经过折算才能计算得到 $T_{load \to M}$。为完成期望的运动轨迹，所需电动机提供的运行转矩取决于运动的区段，如图 1-48 所示。

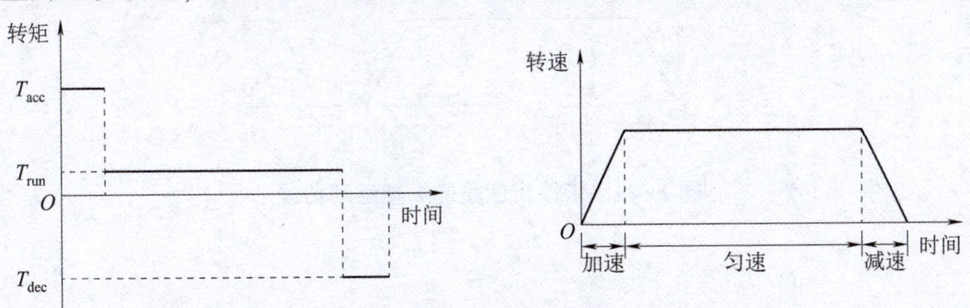

图 1-48　运行曲线各区段与运行转矩的关系

1. 加速（最大）转矩

在加速区段，式（1-3）可以写成：

$$T_{acc}=J_{total}\frac{d^2\theta_m}{dt^2}+T_{load\to M} \tag{1-5}$$

如图 1-48 所示，负载加速时，电动机趋向于使用最大转矩，由于此时电动机要对抗负载并带动系统所有惯量加速，因此，加速转矩常为最大转矩（峰值转矩），用 T_{peak} 表示。

2. 运行转矩

在负载进入匀速区段之后，电动机轴的角加速度为 0，则有：

$$T_M-T_{load\to M}=0 \tag{1-6}$$

即：

$$T_{run}=T_{load\to M} \tag{1-7}$$

3. 减速转矩

在减速区段，电机轴的角加速度为负，如图 1-48 所示，式（1-3）可以写成：

$$T_M=T_{load\to M}-J_{total}\frac{d^2\theta_m}{dt^2} \tag{1-8}$$

即：

$$T_{dec}=T_{load\to M}-J_{total}\frac{d^2\theta_m}{dt^2} \tag{1-9}$$

4. 连续运行（有效值）转矩

由上述可以看出，不同区段电动机所需提供的转矩不同。因此，一般通过求一个运动周期中需求的所有转矩的均方根（RMS）值来计算连续运行转矩。通常电机轴在一个运动周期中还包含了停止转矩，如图 1-49 所示，则均方根值为：

$$T_{RMS}=\sqrt{\frac{T_{acc}^2t_a+T_{run}^2t_r+T_{dec}^2t_d+T_{dw}^2t_{dw}}{t_a+t_r+t_d+t_{dw}}} \tag{1-10}$$

式中，T_{acc}、T_{run}、T_{dec}、T_{dw} 分别是加速、匀速、减速和停止区段所需要的电动机转矩，t_a、t_r、t_d、t_{dw} 分别是加速、匀速、减速和停止区段的时间。停止区段如果无重力负载时，停止所需的转矩可以为 0；如果停止时需要提供转矩对抗重力做功时，停止所需的转矩则不为 0。

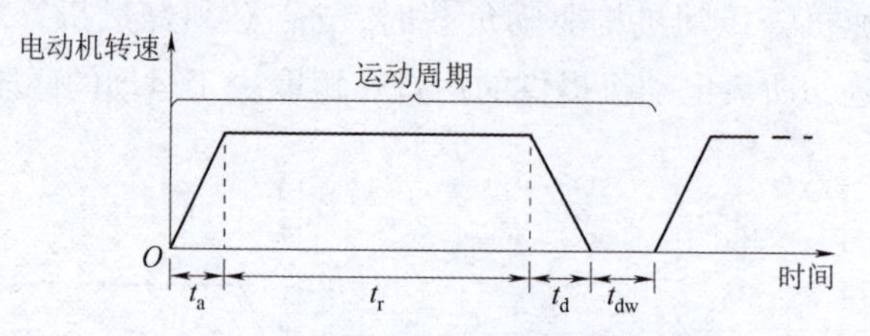

图 1-49　带停止区段的周期运动曲线

三、功、功率、转矩的转换关系

如果一个物体受到力的作用，并在力的方向上发生了一段位移，就说这个力对物体做了功。功的符号为 W，单位为 J，计算公式为：

$$W=FS \tag{1-11}$$

式中，F 是作用在物体上的力，单位为 N；S 是在力的方向上发生的位移，单位为 m。

当物体受到的力变为力矩时，则有：

$$W=T\theta \tag{1-12}$$

式中，T 是作用在物体上的力矩，单位为 N · m；θ 是在力矩方向上发生的角位移，单位为 rad。

功率是表示做功快慢的物理量，其物理意义为单位时间做的功，符号为 P，单位为 W，计算公式为：

$$P=W/t=T\omega \tag{1-13}$$

式中，W 是做的功，单位为 J；t 是做功的时间，单位为 s；T 是做功的力矩大小，单位为 N · m；ω 是力矩所作用轴的角速度，单位为 rad/s。

【任务实施】

一、工作分析

电动机的型号选择对伺服系统的性能有重要的影响。电动机选择过大会增加系统成本并使系统响应变慢，大部分能量将用于对电动机惯量的加速；电动机选择过小则无法提供负载运动所需要的能量。因此需要掌握伺服电动机的选型过程，保障运动控制系统有合适的动力系统。

二、工作步骤

步骤 1：运动时间计算

由已知参数可得滚珠丝杠机构的速度规划如图 1-50 所示。

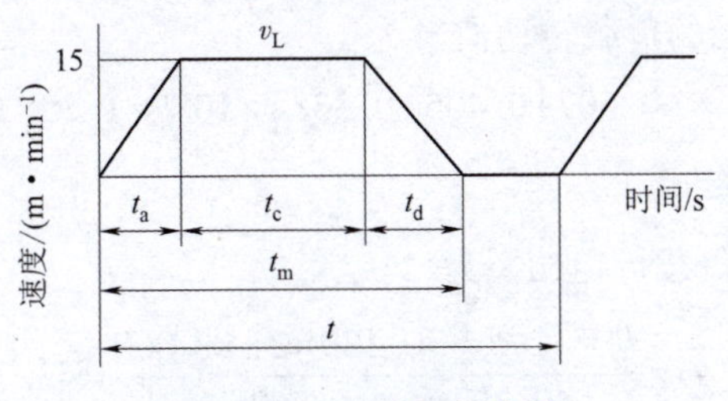

图 1-50　速度规划曲线

已知机构的传送次数为 40 次/min，可得一个运动周期的时间为：

$$t=\frac{60}{n}=\frac{60}{40}=1.5(\text{s})$$

假定加减速一样，即 $t_a=t_d$，停止时间 $t_s=0.1$ s，则：

$$t_a=t_m-t_s-\frac{60l}{v_L}=1.2-0.1-\frac{60\times0.25}{15}=0.1(\text{s})$$

于是，

$$t_c=1.2-0.1\times2=1(\text{s})$$

步骤 2：电动机最大需求速度

负载轴转速：

$$n_L=\frac{v_L}{P_B}=\frac{15}{0.005}=3\ 000(\text{r/min})$$

电动机轴的转速需要将减速比计算进去，已知联轴节采用直接连接，减速比 $1/i=1/1$。因此，电动机轴转速 $n_M=n_L\cdot i=3\ 000\times1=3\ 000(\text{r/min})$。

步骤 3：负载转矩

由公式 $W=T\theta=FS$ 可得：

$$T_L=\frac{FS}{\theta}=\frac{(9.8\mu\cdot m+F)\cdot P_B}{2\pi i\cdot\eta}=\frac{(9.8\times0.2\times80+0)\times0.005}{2\pi\times1\times0.9}=0.139(\text{N}\cdot\text{m})$$

步骤 4：负载转动惯量

（1）直线运动部分

$$J_{L1}=m\left(\frac{P_B}{2\pi i}\right)^2=80\times\left(\frac{0.005}{2\pi\times1}\right)^2=0.507\times10^{-4}(\text{kg}\cdot\text{m}^2)$$

（2）滚珠丝杠

$$J_B=\frac{\pi}{32}\rho\cdot l_B d_B^4=\frac{\pi}{32}\times7.87\times10^3\times0.8\times(0.016)^4=0.405\times10^{-4}(\text{kg}\cdot\text{m}^2)$$

（3）联轴节

$$J_C=\frac{1}{8}m_C\cdot d_C^2=\frac{1}{8}\times0.3\times(0.03)^2=0.338\times10^{-4}(\text{kg}\cdot\text{m}^2)$$

因此，折算到电动机轴的负载转动惯量为：

$$J_L=J_{L1}+J_B+J_C=(0.507+0.405+0.338)\times10^{-4}=1.25\times10^{-4}(\text{kg}\cdot\text{m}^2)$$

步骤 5：负载行走功率

由式（1-13）可得，负载行走功率为：

$$P_0=T_L\omega=\frac{T_L\cdot2\pi n_M}{60}=\frac{0.139\times2\pi\times3\ 000}{60}=43.7(\text{W})$$

步骤 6：负载加速功率

$$P_a=\left(\frac{2\pi n_M}{60}\right)^2\frac{J_L}{t_a}=\left(\frac{2\pi\times3\ 000}{60}\right)^2\times\frac{1.25\times10^{-4}}{0.1}=123.4(\text{W})$$

步骤 7：伺服电动机的预选

（1）选型条件

①$T_L\leqslant$电动机额定转矩。

②$\frac{P_0+P_a}{2}\leqslant$电动机额定输出$\leqslant$（$P_0+P_a$）。

③$n_M\leqslant$电动机额定转速；

④$J_L\leqslant$电动机容许负载转动惯量。

可根据选型条件暂选为以下电动机，型号为 SGM7J-01A。

（2）预选电动机的各项参数

SGM7J-01A 伺服电动机的额定输出为 100 W，额定转速为 3 000 r/min，额定转矩为 0.318 N·m，瞬时最大转矩为 1.1 N·m，电动机转子转动惯量为 $0.065\ 9\times10^{-4}$ kg·m^2，电动机容许负载转动惯量为 2.31×10^{-4} kg·m^2，编码器分辨率为 16 777 216 p/rev。

步骤 8：预选伺服电动机的确认

由式（1-5）计算加速转矩得：

$$T_{acc}=\frac{2\pi n_M(J_L+J_M)}{60t_a}+T_L=\frac{2\pi\times3\ 000\times(1.25+0.065\ 9)\times10^{-4}}{60\times0.1}+0.139\approx0.552(\mathrm{N\cdot m})$$

可得所需加速转矩小于预选电动机的瞬时最大转矩，因此可使用。

由式（1-9）计算减速转矩得：

$$T_{dec}=T_L-\frac{2\pi n_M(J_L+J_M)}{60t_a}=0.139-\frac{2\pi\times3\ 000\times(1.25+0.065\ 9)\times10^{-4}}{60\times0.1}\approx-0.274(\mathrm{N\cdot m})$$

可得所需减速转矩小于预选电动机的瞬时最大转矩，因此可使用。

由式（1-10）计算连续运行（有效值）转矩得：

$$T_{RMS}=\sqrt{\frac{T_{acc}^2t_a+T_{run}^2t_c+T_{dec}^2t_d}{t}}=\sqrt{\frac{0.552^2\times0.1+0.139^2\times1+(-0.274)^2\times0.1}{1.5}}\approx0.195(\mathrm{N\cdot m})$$

可得所需的连续运行（有效值）转矩小于预选电动机的额定转矩，因此可使用。

通过以上预选的电动机从容量上判断为可用。下面对位置控制进行研究。

步骤 9：位置检测分辨率

位置检测单位 $\Delta l=0.01$ mm/pulse。

根据滚珠丝杠导程 $P_B=0.005$ m，电动机旋转 1 圈的脉冲数如下式所示：

电动机旋转 1 圈的脉冲数（pulse）$=\frac{P_B}{\Delta l}=\frac{0.005\ \mathrm{m}}{0.01\ \mathrm{mm/pulse}}=500(\mathrm{p/rev})$，低于编码器分辨率 16 777 216 p/rev，因此可使用暂选的伺服电动机。

步骤 10：指令脉冲频率

根据负载速度 = 15 m/min = 1 000×15/60 mm/s 和定位分辨率（每 1 个脉冲的移动量）= 0.01 mm/pulse，指令脉冲频率如下式所示：

$$v_s = \frac{1\ 000v_L}{60\Delta l} = \frac{1\ 000\times15}{60\times0.01} = 25\ 000(\mathrm{p/s})$$

指令脉冲频率低于最大输入脉冲频率，因此可使用暂选的伺服电动机。

通过以上预选的电动机从位置控制上判断为可用。

如果计算的结果不正确，则无法选出合适的伺服电动机，需要细心查看计算时公式参数是否正确，培养严谨的工作态度，养成一丝不苟的工作作风。

【任务评价】

<table>
<tr><th>评价内容</th><th>评价标准</th><th>配分</th><th>扣分</th></tr>
<tr><td rowspan="11">伺服电动机的选型计算</td><td>正确计算系统运行时间</td><td>8</td><td></td></tr>
<tr><td>正确计算电动机最大需求速度</td><td>8</td><td></td></tr>
<tr><td>正确计算负载转矩</td><td>14</td><td></td></tr>
<tr><td>正确计算负载转动惯量</td><td>14</td><td></td></tr>
<tr><td>正确计算负载行走功率</td><td>8</td><td></td></tr>
<tr><td>正确计算负载加速功率</td><td>8</td><td></td></tr>
<tr><td>正确预选伺服电动机</td><td>8</td><td></td></tr>
<tr><td>正确预选伺服电动机的转矩</td><td>8</td><td></td></tr>
<tr><td>正确计算位置检测分辨率</td><td>8</td><td></td></tr>
<tr><td>正确计算指令脉冲频率</td><td>8</td><td></td></tr>
<tr><td>正确分析电动机是否满足系统需求</td><td>8</td><td></td></tr>
<tr><td colspan="3">成绩</td><td></td></tr>
<tr><td colspan="4">收获体会：

学生签名：　　年　　月　　日</td></tr>
<tr><td colspan="4">教师评语：

教师签名：　　年　　月　　日</td></tr>
</table>

思考与练习

①简述伺服驱动器的三环及其作用。

②简述 GTHD 伺服驱动器电动机安装过程及注意事项。

③分析伺服电动机选型的关键因素。

④练习滚珠丝杠带动的直线运动物体的转动惯量计算方法。

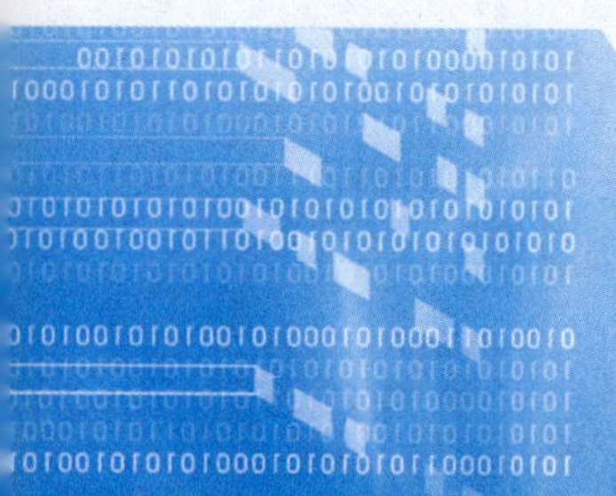

项目二

人机界面开发

项目导入

人机界面（Human Machine Interaction，HMI），又称用户界面或使用者界面，是人与计算机之间传递、交换信息的媒介和对话接口，是计算机系统的重要组成部分；是系统和用户之间进行信息交换的媒介，实现信息的内部形式与人类可以接受形式之间的转换。人机界面被广泛用于工业控制应用中，例如生产线、机器人控制、工艺过程控制等。它可以帮助操作员监控设备状态，进行调节、报警等操作，提高工业自动化水平和工作效率。本项目通过学习 MFC 界面常见控件的使用方法，学会简易人机交互界面设计的方法。

学习目标

①能总结 VS 软件中 MFC 开发可视化界面的步骤。
②能概述 MFC 按钮控件、编辑框和静态文本的使用方法。
③能阐述设备状态信号灯工作的原理和编程调试的过程。
④能合理设计 MFC 人机界面。
⑤能对指示灯亮灭进行编程和调试。

素养目标

①激发学生积极地进行模拟与实践，广开思路。
②培养学生多思考、多实践的能力。
③正确积极地引导学生加强自身修养，自觉接受正确的世界观。

工作任务一　MFC 界面制作

【任务描述】

如图 2-1 所示为设备人机交互的 MFC 界面，通过熟悉 MFC 常用控件的使用方法和组、多窗口以及列表等复杂控件的应用，完成客户所需的人机交互界面。

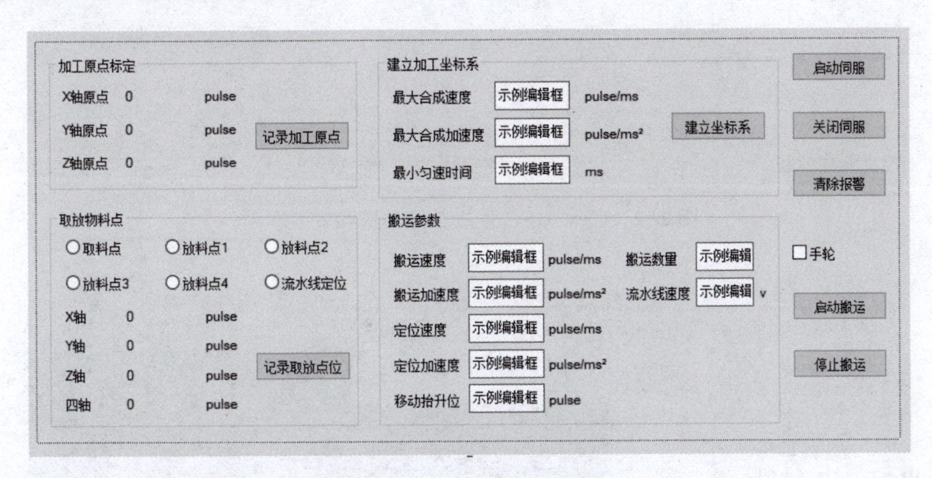

图 2-1　MFC 人机交互界面

【相关知识】

一、MFC 简述

MFC（Microsoft Foundation Classes）是微软提供的，用于在 C++环境下编写应用程序的一个框架和引擎。VC++是 Windows 下开发人员使用的专业软件开发平台，MFC 就是挂在它之上的一个辅助软件开发包，可以有效地减少应用程序开发人员的工作量。由于标准 C++没有图形库，本教材选择使用 MFC，用于快速开发有可视化界面的简单 Windows 桌面程序。

注意：MFC 在 VS2019 里的安装选项不会在勾选工作负载时自动默认勾选，需要人为勾选（C++ MFC for v142 生成工具（x86 和 x64）），具体操作如图 2-2 所示。

二、新建 MFC 项目

①如图 2-3 所示，选择菜单“文件”→“新建”→“项目”选项，打开创建新项目界面。

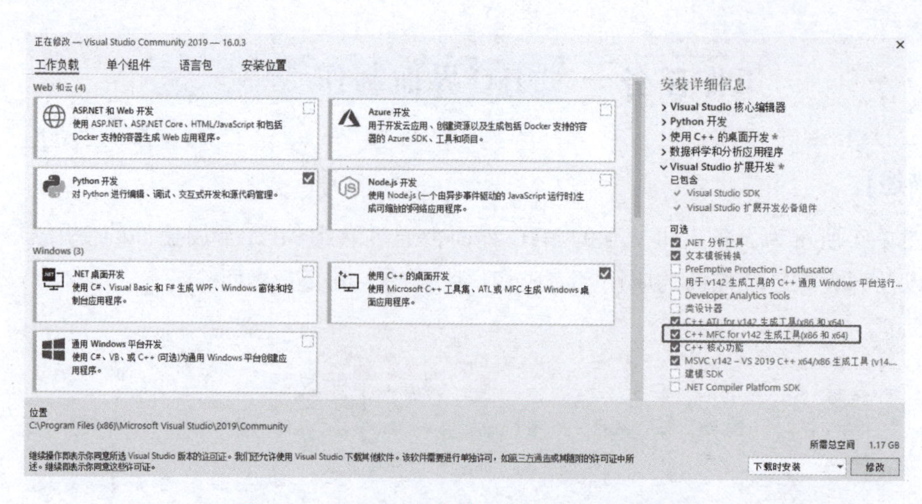

图 2-2　C++ MFC 生成工具勾选和安装界面

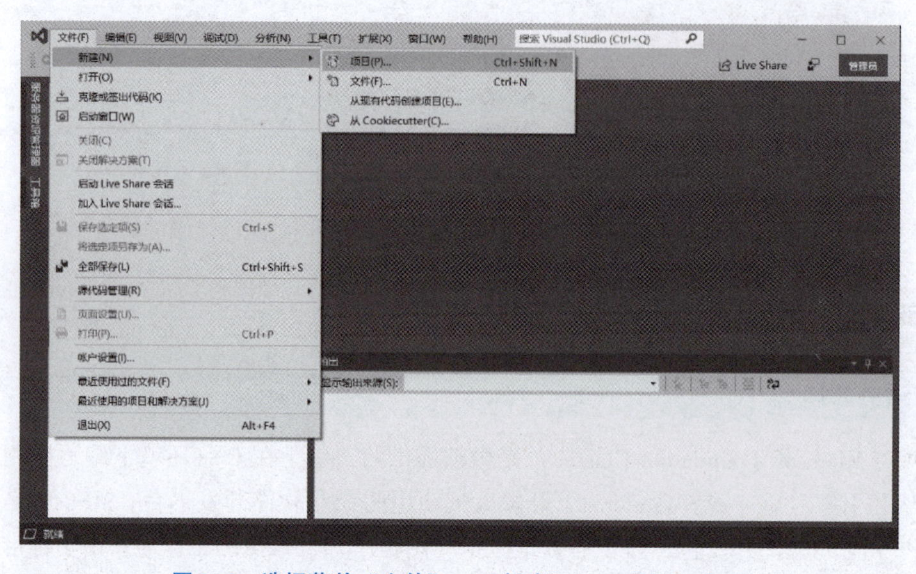

图 2-3　选择菜单“文件”→“新建”→“项目”选项

②如图 2-4 所示，在下拉列表框中选择“mfc”，接着选择“MFC 应用”，单击“下一步”按钮，然后创建工程名称，本例取名为“Addition”，设置好工程的保存路径后，单击“创建”按钮。

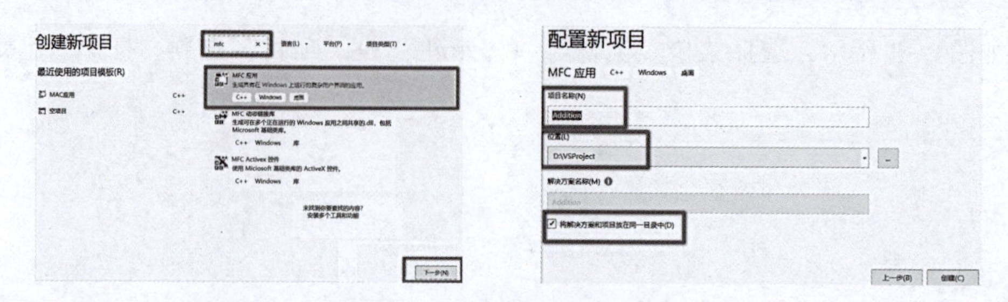

图 2-4　创建 MFC 应用工程

③在“应用程序类型”下拉列表框中选择“基于对话框”，如图 2-5 所示，其他使用默认设置，然后单击“完成”按钮，创建完成的程序界面如图 2-6 所示。

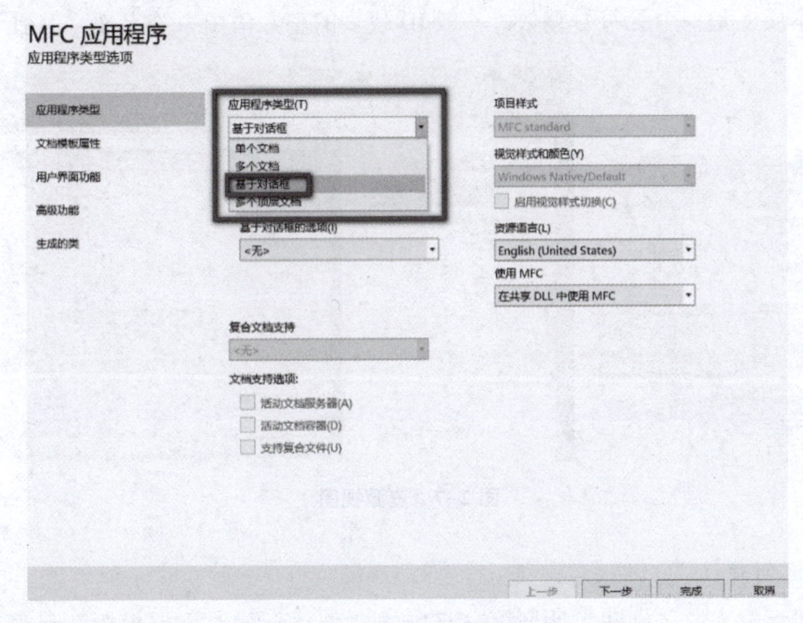

图 2-5　MFC 应用程序类型设置

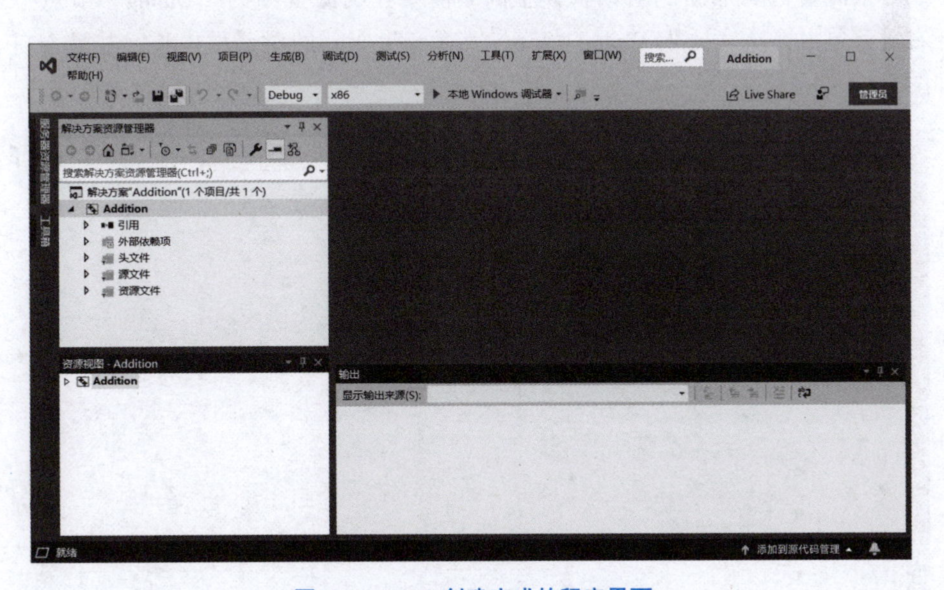

图 2-6　MFC 创建完成的程序界面

三、对话框常用控件

1. 资源视图

在资源视图中可以看到工程 Addition 的资源树，展开 Addition. rc 选项，其下面有四个子项：Dialog（对话框）、Icon（图标）、String Table（字符串表）和 Version（版本），如图 2-7

所示。然后展开 Dialog 项，下面有两个对话框模板，其 ID 分别为 IDD_ABOUTBOX 和 IDD_ADDITION_DIALOG，前者是“关于”对话框的模板，后者是主对话框的模板。ID 是资源的唯一标识，本质上是一个无符号整数，一般 ID 代表的整数值由系统定义，无须干涉。

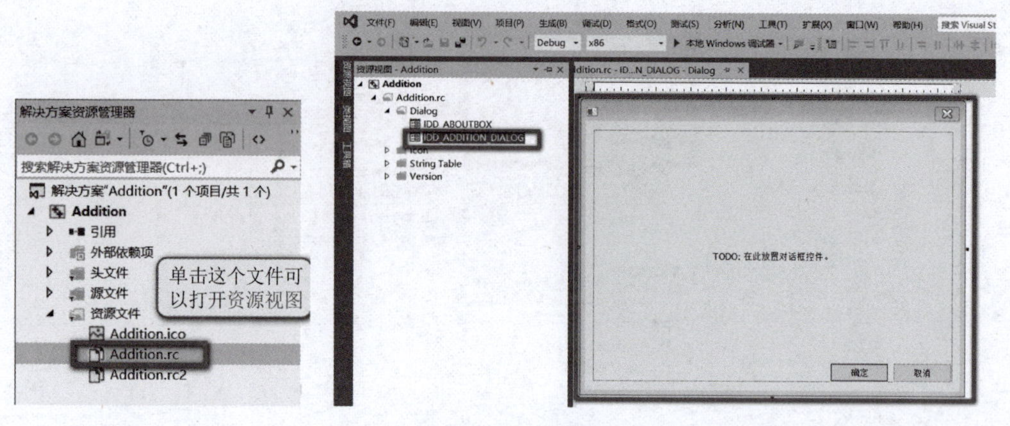

图 2-7　资源视图

2. 对话框创建

对于主对话框来说，创建对话框第一步中的“创建新的对话框模板”已经由系统自动完成了。如果需要再添加新的对话框模板时，需要在资源视图的“Dialog”节点上单击右键，在右键菜单中选择“插入 Dialog（E）”，就会生成新的对话框模板，并且会自动分配 ID，如图 2-8 所示。

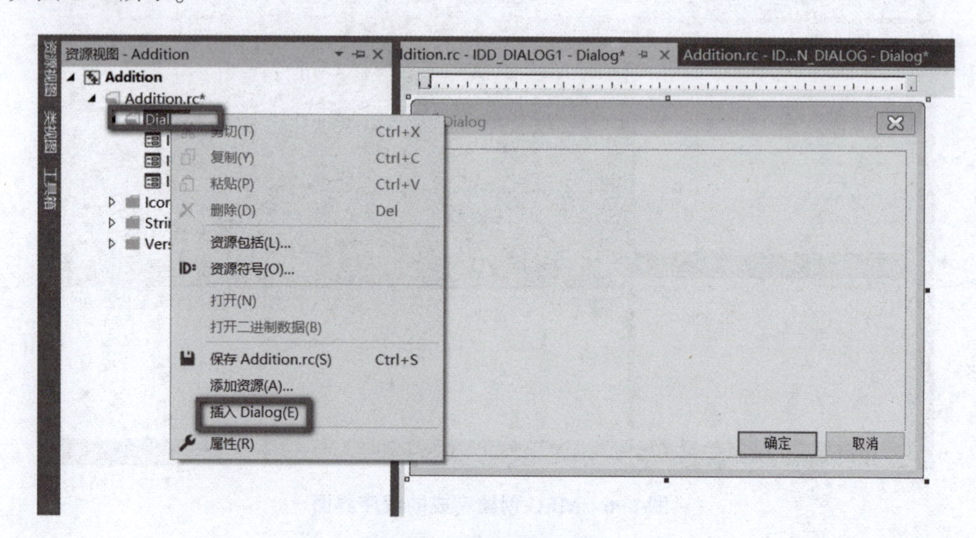

图 2-8　新建对话框界面

在 Addition 工程的对话框模板上单击右键，然后在右键菜单中选择“属性”，则在右侧面板中会显示对话框的属性列表，如图 2-9 所示。

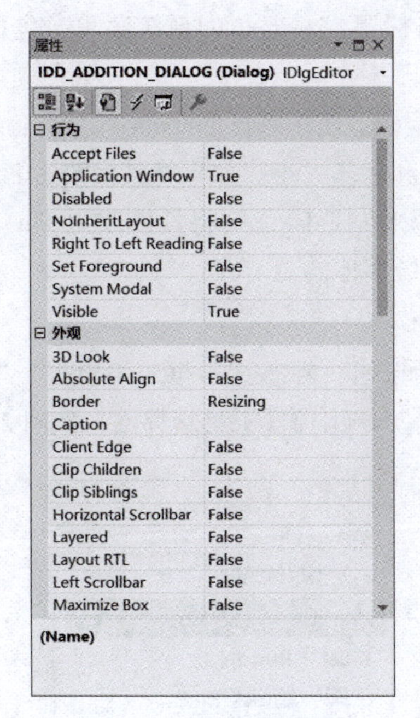

图 2-9　对话框属性列表

①ID：对话框 ID。它是对话框资源唯一标识，可以修改；此处为 IDD_ADDITION_DIALOG，不修改。

②Caption：对话框标题。此处默认为空，可以将其修改为“加法计算器”，如图 2-10 所示。

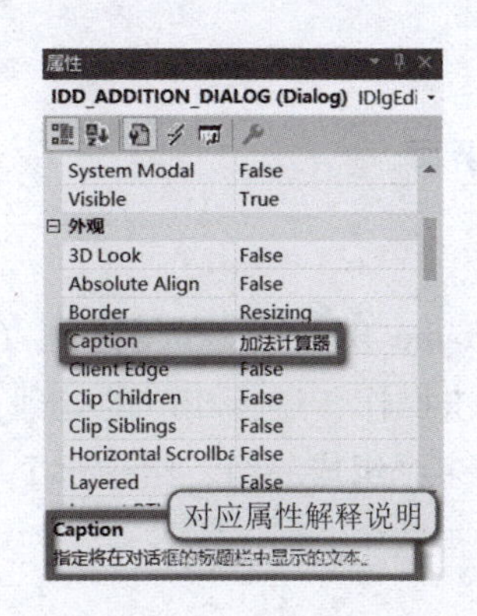

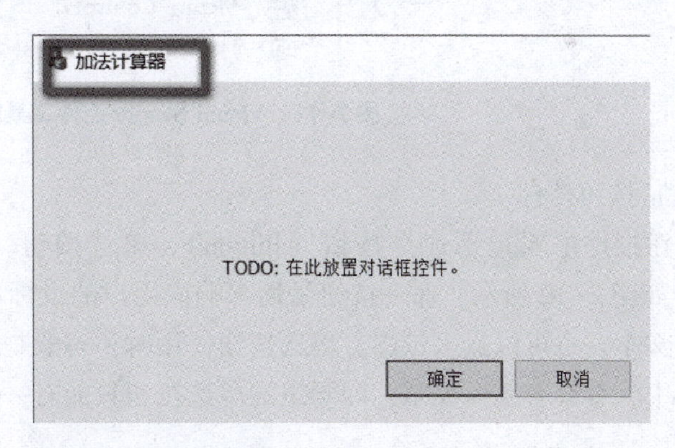

图 2-10　对话框标题

③Border：边框类型。有四种类型：None、Thin、Resizing 和 Dialog Frame。使用默认的 Dialog Frame。

④Maximize：是否使用最大化按钮。使用默认的 False。

⑤Minimize：是否使用最小化按钮。同样使用默认的 False。

⑥Style：对话框类型。有三种类型：Overlapped（重叠窗口）、Popup（弹出式窗口）和 Child（子窗口）。弹出式窗口比较常见，一般使用默认的 Popup 类型。

⑦System Menu：是否带有标题栏左上角的系统菜单，包括移动、关闭等菜单项。使用默认的 True。

⑧Title Bar：是否带有标题栏。使用默认的 True。

⑨Font（Size）：字体类型和字体大小。如果将其修改为非系统字体，则 Use System 自动改为 False。如果 Use System 原来为 False，则将其修改为 True，且 Font（Size）自动设置为系统字体。这里使用默认的系统字体。

3. MFC 常用控件

MFC 界面的常用控件包括按钮、静态文本框、编辑框、下拉框等。在“Visual Studio”中可通过“视图”→“工具箱”调出控件工具箱界面，如图 2-11 所示。

图 2-11　Visual Studio 控件工具箱界面

（1）按钮控件

按钮控件主要包括命令按钮（Button）、单选按钮（Radio Button）和复选框（Check Box），如图 2-12 所示。命令按钮是用来响应用户的鼠标单击操作，进行相应的处理，它可以显示文本，也可以嵌入位图。单选按钮使用时，一般是由多个组成一组，组中每个单选按钮的选中状态具有互斥关系，即同组的单选按钮只能有一个被选中。

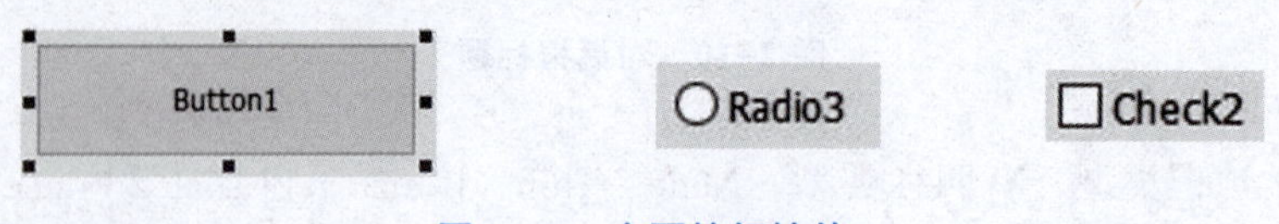

图 2-12　主要按钮控件

命令按钮是最熟悉也是最常用的一种按钮控件，而单选按钮和复选框都是一种比较特殊的按钮控件。单选按钮有选中和未选中两种状态，为选中状态时单选按钮中心会出现一个蓝点，以标识选中状态。一般的复选框也是有选中和未选中两种状态，选中时复选框内会增加一个“√”，而三态复选框（设置了 BS_3STATE 风格）有选中、未选中和不确定三种状态，不确定状态时复选框内出现一个灰色“√”。

按钮控件会向父窗口发送通知消息，最常用的通知消息包括 BN_CLICKED 和 BN_DOUBLECLICKED，如图 2-13 所示。用户在按钮上单击鼠标时会向父窗口发送 BN_CLICKED 消息，双击鼠标时发送 BN_DOUBLECLICKED 消息。

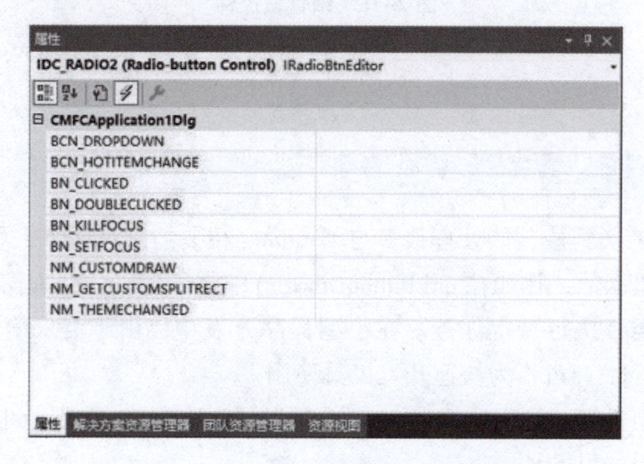

图 2-13　按钮控件的常用消息事件

（2）静态文本框控件

静态文本框控件即 Static Text，在工具箱中的 Static Text 上按下鼠标左键不放开，并拖到主窗口界面，模板上会出现一个虚线框，找到合适的位置后松开鼠标左键放下它。

用鼠标左键选中控件后周围会出现虚线框（见图 2-14），然后将鼠标移到虚线框上几个黑点的位置会变成双向箭头的形状，此时就可以按下鼠标左键并拖动来改变控件大小了。通过改变新添加的静态文本框控件的大小，以更好地显示标题。

图 2-14　静态文本框控件

接下来可以修改静态文本框的文字。鼠标右键单击静态文本框，在右键菜单中选择“属性”，属性面板就会显示出来。在面板上修改“Caption”属性为“设置速度”，ID 修改为 IDC_Vel_STATIC，此时文本框如图 2-15 所示。

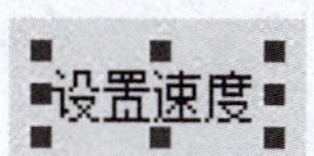

图 2-15　“设置速度”文本框

（3）编辑框控件

编辑框控件即 Edit Control，添加编辑框的过程与静态文本框类似，在工具箱中按下 Edit Control 控件并拖到对话框模板上，如图 2-16 所示。在编辑框上单击右键，在右键菜单中选择“属性”显示出属性面板，可修改其 ID。

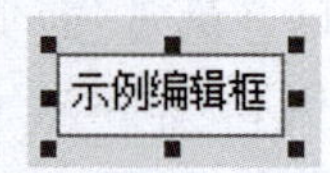

图 2-16　编辑框控件

【任务实施】

一、工作分析

MFC 由很多 C++类组成，能处理很多与 Windows 相关的常见任务，可以实现消息循环，提供易学易用的成员函数，比如在 onLButtonDown( ) 中插入代码，处理窗口消息。开发人员还可以创建自定义类，执行特定任务。在小型程序开发中，由于需求简单且无后续扩展要求，在这种情况下，MFC 可作为快速开发工具使用。

任务需要分小组进行，各组协调分工，认真练习新建 MFC 项目，讨论常用控件的使用方法，达到快速入门的目的。

二、工作步骤

步骤 1：创建 MFC“复制”示例

创建一个基于对话框的 MFC 项目。在自动生成的对话框模板中，删除“TODO：在此放置对话框控件。”静态文本控件、“确定”按钮和“取消”按钮。添加两个编辑框 Edit Control 控件，其 ID 分别为 IDC_EDIT1、IDC_EDIT2；再添加一个按钮，将“Caption”属性改为“复制”。此时的对话框模板如图 2-17 所示。

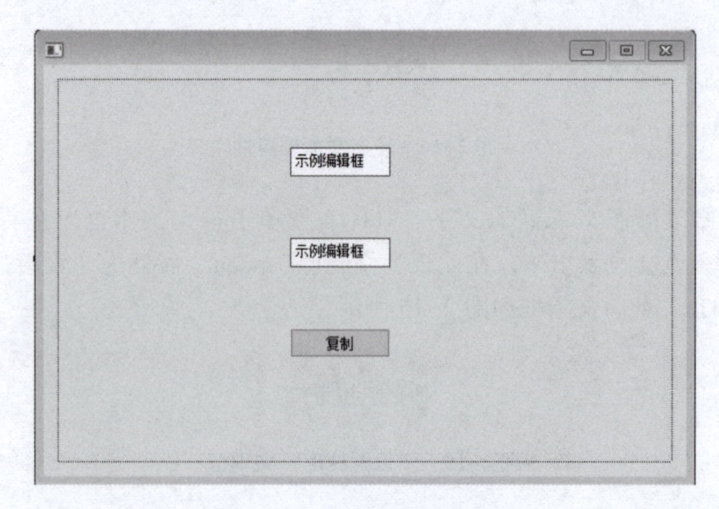

图 2-17　对话框模板窗口界面

步骤 2：添加 CString 类型变量

选中编辑框 IDC_EDIT1，单击右键为其添加 CString 类型的控件变量 edit1，如图 2-18 所示。

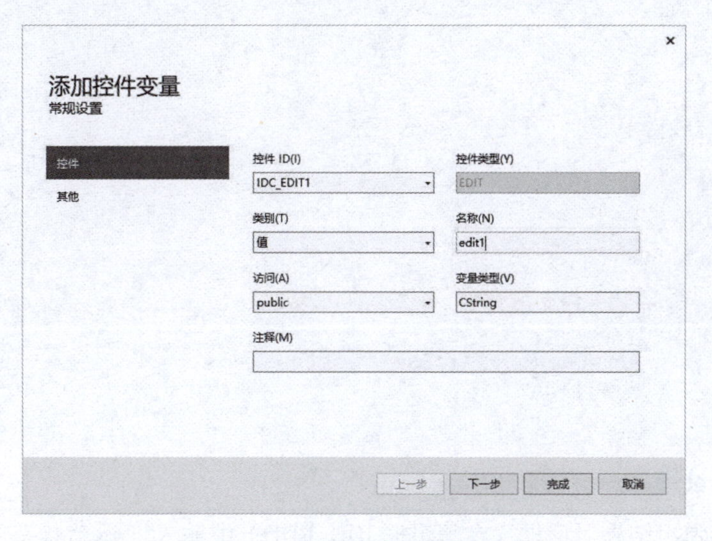

图 2-18　CString 类型变量添加

步骤 3：添加单击事件函数

选中按钮控件，单击右键选择“属性”，在“属性”对话框中选择通知消息事件中的“BN_CLICKED”选项，在右面写入“OnBtnClickCopy”，如图 2-19 所示。按回车键进入按钮单击事件的函数体。

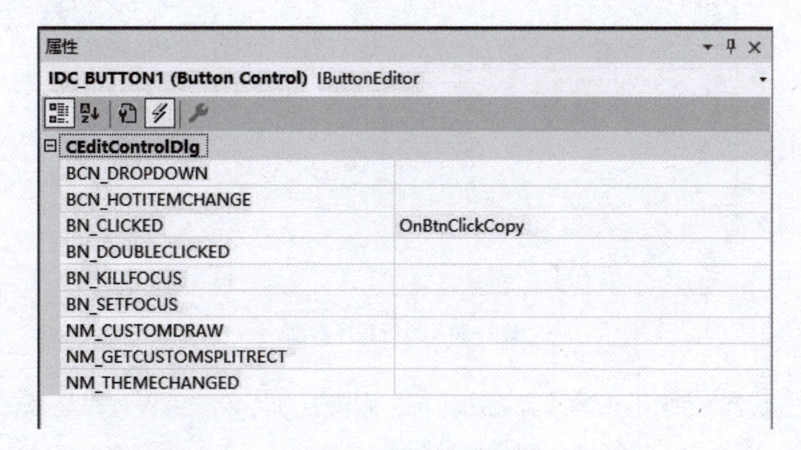

图 2-19　消息事件函数

步骤 4：编写按钮单击事件程序

将按钮单击事件函数 CEditControlDlg::OnBtnClickCopy()代码修改为：

```
void CEditControlDlg::OnBtnClickCopy()
{
    //TODO:在此添加控件通知处理程序代码

    CString str;

    UpdateData(TRUE);              //刷新控件的值
    //获得编辑框 IDC_EDIT1 的内容
    str=edit1;
    UpdateData(FALSE);             //停止刷新控件的值
    //将编辑框 IDC_EDIT1 的内容复制到编辑框 IDC_EDIT2
    SetDlgItemText(IDC_EDIT2,str);

}
```

步骤 5：调试程序

运行程序，弹出结果对话框，在编辑框 IDC_EDIT1 中输入“运动状态”，单击“复制”按钮，界面如图 2-20 所示。

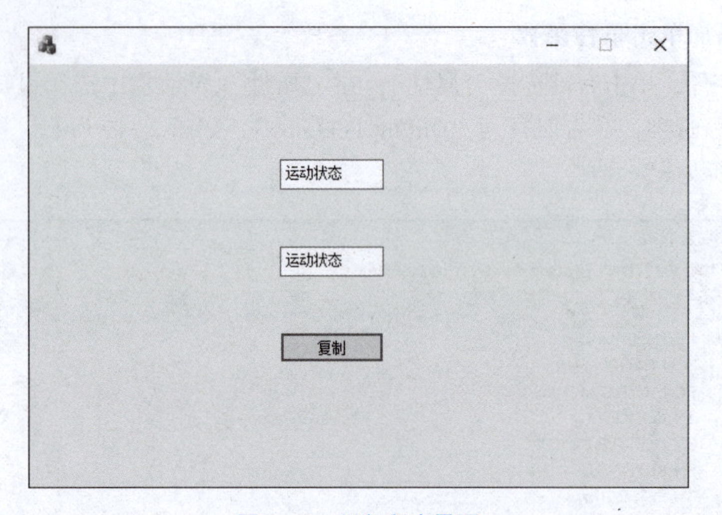

图 2-20　运行程序界面

如果程序运行的结果不正确或者无法运行，则需要细心检查编程过程是否有遗漏，程序代码是否正确，多思考、多实践，加强自身修养。

【任务评价】

<table>
<tr><th>评价内容</th><th>评价标准</th><th>配分</th><th>扣分</th></tr>
<tr><td rowspan="2">认识 MFC</td><td>正确安装 MFC</td><td>10</td><td></td></tr>
<tr><td>正确新建 MFC 项目</td><td>10</td><td></td></tr>
<tr><td rowspan="3">认识 MFC 常用控件</td><td>正确使用 MFC 按钮控件</td><td>10</td><td></td></tr>
<tr><td>正确使用 MFC 静态文本控件</td><td>10</td><td></td></tr>
<tr><td>正确使用 MFC 编辑框控件</td><td>10</td><td></td></tr>
<tr><td rowspan="3">创建 MFC“复制”示例</td><td>正确选择控件、合理布置控件</td><td>10</td><td></td></tr>
<tr><td>正确设置控件变量和事件</td><td>20</td><td></td></tr>
<tr><td>程序编写调试正确</td><td>20</td><td></td></tr>
<tr><td colspan="3">成绩</td><td></td></tr>
<tr><td colspan="4">收获体会：

学生签名：　　年　　月　　日</td></tr>
<tr><td colspan="4">教师评语：

教师签名：　　年　　月　　日</td></tr>
</table>

工作任务二 状态信号灯控制程序编程

【任务描述】

工业多层警示灯是一种广泛使用于工业领域的状态信号灯，如图 2-21 所示。其不同的信号呈现方式使得其可以根据不同的情况向人们传递不同的信息，这种灵活的信号呈现方式使得多层警示灯在工业生产中扮演着十分重要的角色。本任务需要根据实际情况，编程控制警示灯的显示状态。

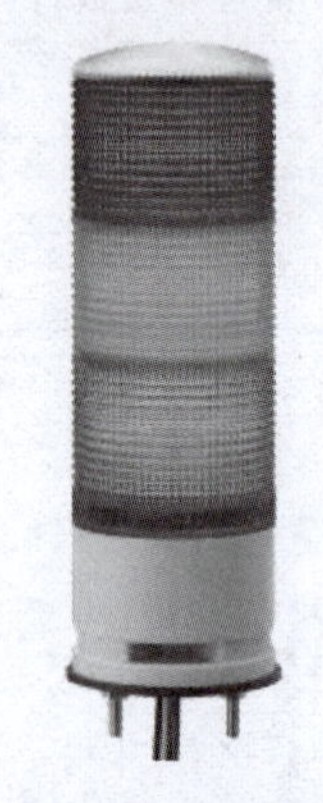

图 2-21 多层警示灯

【相关知识】

“Radio Button”使用示例

①创建一个基于对话框的 MFC 项目。

②在自动生成的对话框模板中，删除“TODO：在此放置对话框控件。”静态文本控件、“确定”按钮和“取消”按钮。添加一个静态文本框 Static Text，在控件右键菜单中选择“属性”，在面板上修改“Caption”属性为“选择你属于的专业”。

③添加 3 个“Radio Button”控件，分别选中控件，在右键菜单中选择“属性”，在面板上修改“Caption”属性分别为“机械设计”“电子信息”“污水处理”，三者的 ID 分别为 IDC_RADIO1、IDC_RADIO2、IDC_RADIO3。

④添加按钮“Button”，选中控件，在右键菜单中选择“属性”，在面板上修改“Caption”属性为“我已经选好了”。此时，界面如图 2-22 所示。

⑤选中按钮控件，在右键菜单中选择“属性”，在属性对话框中选择通知消息事件中的“BN_CLICKED”，在右面写入“selectFruit”，如图 2-23 所示，按回车键进入按钮单击事件的函数体如图 2-24 所示。

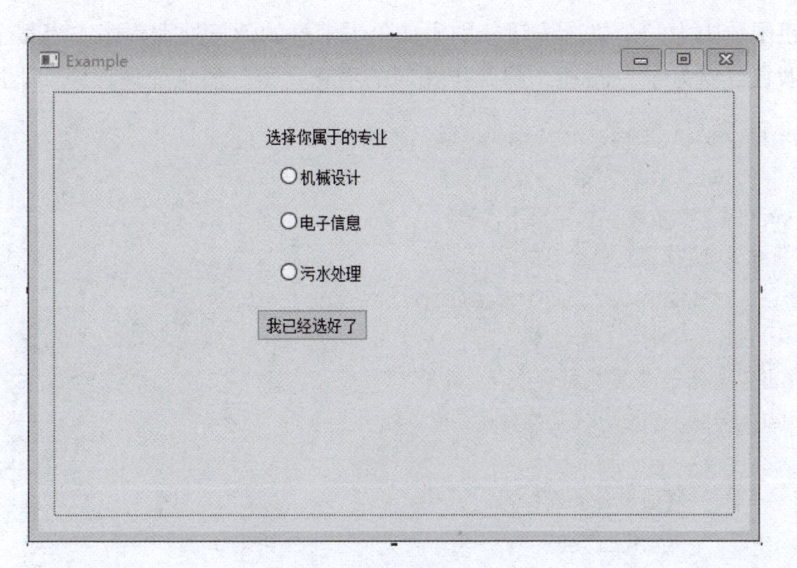

图 2-22　整体界面图示

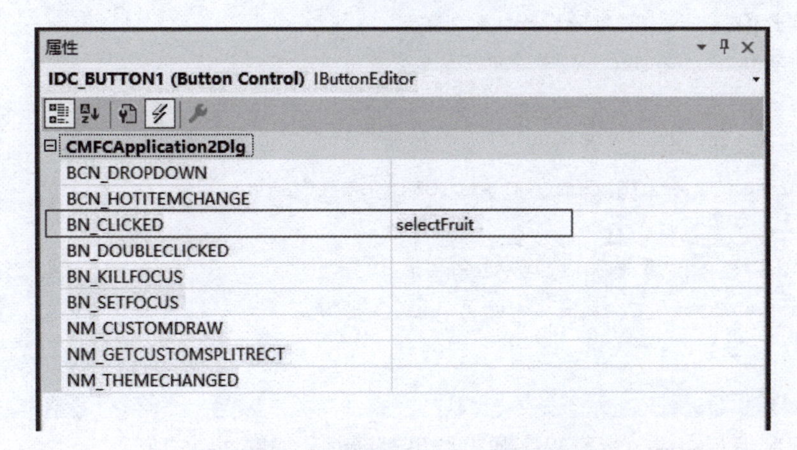

图 2-23　BN_CLICKED 通知消息事件

MFCApplication2Dlg.cpp*　MFCApplication2...._DIALOG - Dialog*

MFCApplication2　→ CMFCApplication2Dlg

```
141
142             // 绘制图标
143             dc.DrawIcon(x, y, m_hIcon);
144         }
145         else
146         {
147             CDialogEx::OnPaint();
148         }
149     }
150
151 //当用户拖动最小化窗口时系统调用此函数取得光标
152 //显示。
153 HCURSOR CMFCApplication2Dlg::OnQueryDragIcon()
154 {
155     return static_cast<HCURSOR>(m_hIcon);
156 }
157
158
159
160 void CMFCApplication2Dlg::selectFruit()
161 {
162     // TODO: 在此添加控件通知处理程序代码
163 }
164
165
```

图 2-24　按钮单击事件的函数体

⑥在按钮函数中为三个单选按钮分别添加单击消息的消息处理程序。当某个按钮被选中后，单击“我已经选好了”按钮，将弹出相应的消息盒子。消息处理程序如下所示。

```
void CMFCApplication2Dlg::selectFruit()
{
    //TODO:在此添加控件通知处理程序代码
    //判断“机械设计”按钮是否被选中
    if(((CButton*)GetDlgItem(IDC_RADIO1))->GetCheck())
    {
        //弹出消息盒子“我是机械设计专业的学生”
        AfxMessageBox(_T("我是机械设计专业的学生"));
    }
    //判断“电子信息”按钮是否被选中
    if(((CButton*)GetDlgItem(IDC_RADIO2))->GetCheck())
    {
        //弹出消息盒子“我是电子信息专业的学生”
            AfxMessageBox(_T("我是电子信息专业的学生"));
    }
    //判断“污水处理”按钮是否被选中
    if(((CButton*)GetDlgItem(IDC_RADIO3))->GetCheck())
    {
        //弹出消息盒子“我是污水处理专业的学生”
        AfxMessageBox(_T("我是污水处理专业的学生"));
    }
}
```

⑦到此程序编写完成。运行程序弹出结果对话框，如图 2-25 所示。

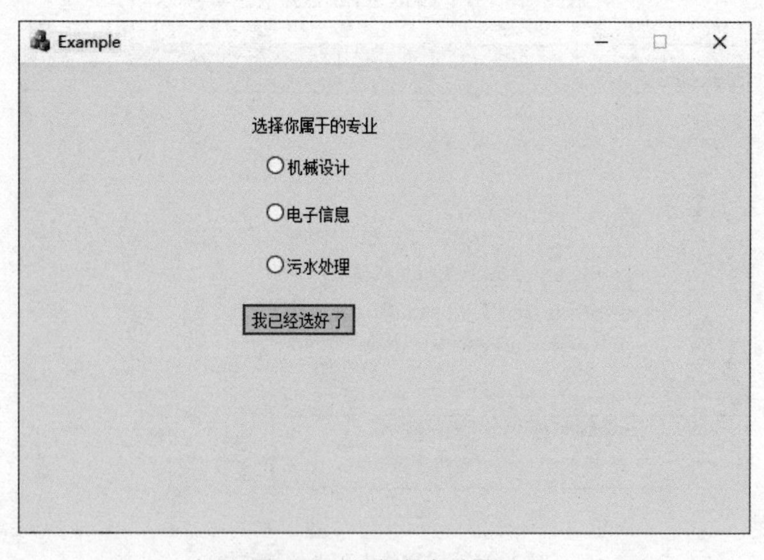

图 2-25　运行程序后界面

⑧选中“机械设计”单选按钮后，单击“我已经选好了”按钮，将弹出如图 2-26 所示的消息。

图 2-26　消息盒子弹窗

【任务实施】

一、工作分析

多层警示灯常用的规则：当灯光呈绿色时，代表设备正常工作；当灯光呈黄色时，代表设备处于警戒状态，但不影响正常工作；当灯光呈红色时，表示设备出现了问题需要及时处理。本任务需要定义警示灯不同的状态对应的颜色，通过编程控制定义的变量来完成警示灯颜色的呈现。

任务需要分小组进行，各组协调分工，认真练习 MFC 常用控件的使用方法，根据实际需求编写程序。

二、工作步骤

步骤 1：创建一个基于对话框的 MFC 项目

①打开 Visual Studio 2019，选择“创建新项目”选项，如图 2-27 所示。

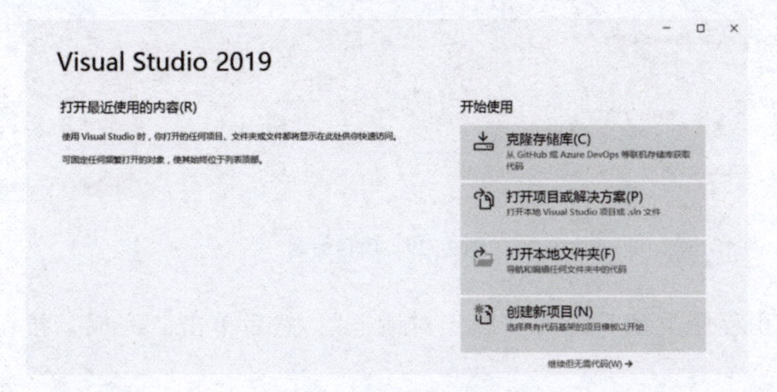

图 2-27　创建新项目

②选择“MFC 应用”，单击“下一步”按钮，如图 2-28 所示。

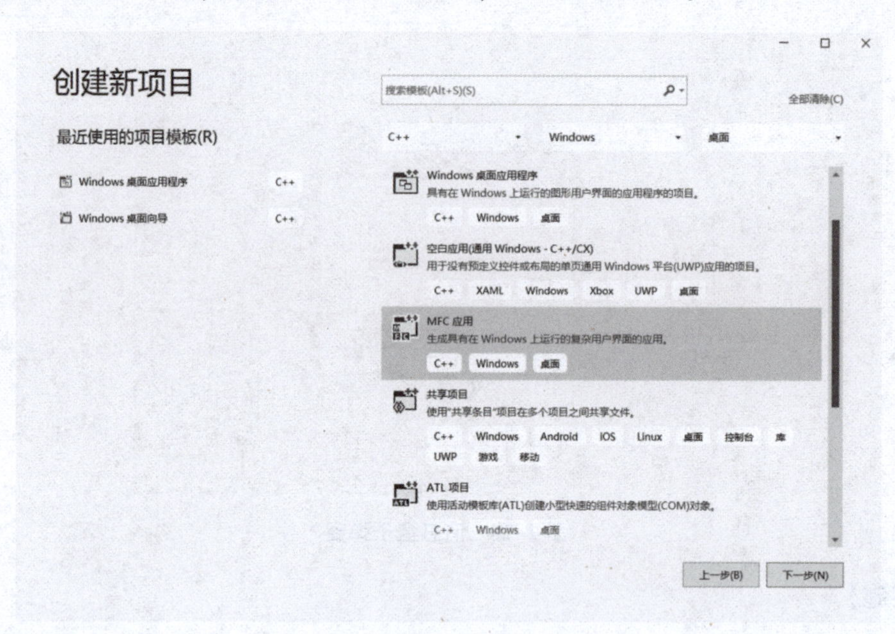

图 2-28　选择“MFC 应用”

③在“项目名称”中对项目进行命名，此处以“interface”为例。命名完成后单击“创建”按钮，如图 2-29 所示。

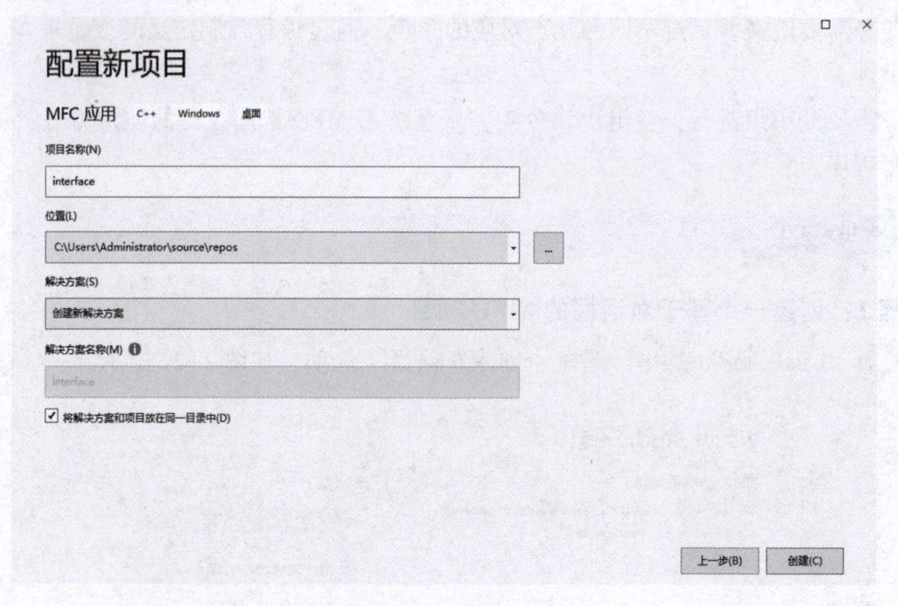

图 2-29　项目命名

④将“应用程序类型”选为“基于对话框”，然后单击“完成”按钮，如图 2-30 所示。

图 2-30　修改应用程序类型

⑤在菜单栏中选择“视图”→“其他窗口”→“资源视图”，单击后出现资源视图界面，如图 2-31 所示。

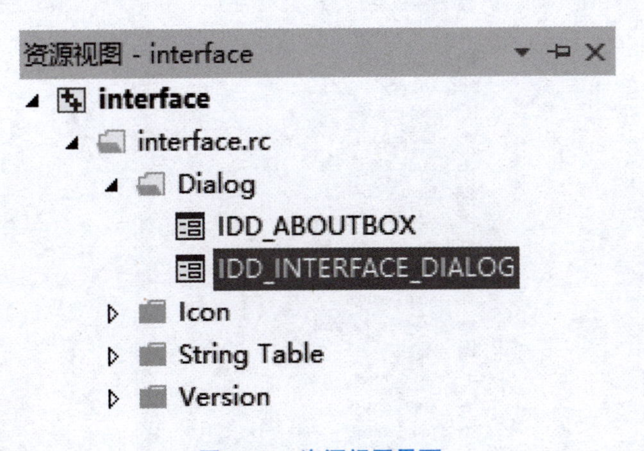

图 2-31　资源视图界面

在资源视图界面选择“interface. rc”→“Dialog”→“IDD_INTERFACE_DIALOG”，双击后出现编辑界面，如图 2-32 所示。

图 2-32　编辑界面

⑥在菜单栏中选择“视图”→“工具箱”，弹出工具箱界面，如图 2-33 所示。

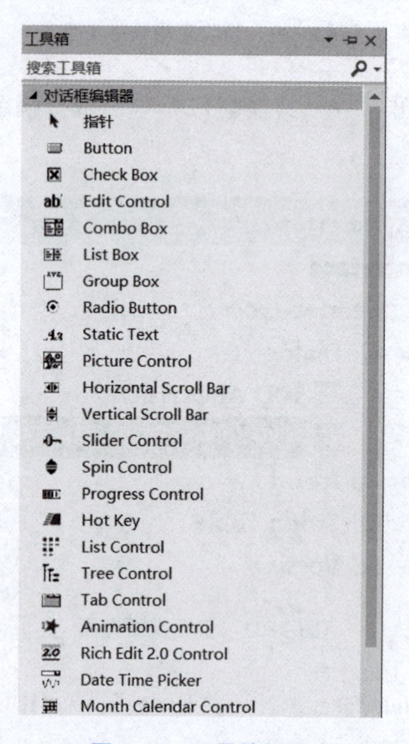

图 2-33　工具箱界面

此对话框内都为可直接使用的界面控件，在制作界面时，只需要将控件拖动至界面编辑区域即可使用。

步骤 2：删除 MFC 界面默认控件

在自动生成的对话框模板中，删除“TODO：在此放置对话框控件。”静态文本控件、“确定”按钮和“取消”按钮。添加两个按钮，将“Caption”属性分别改为 I/O 触发、I/O 复位；再添加一个 Picture Control 控件，修改其 ID 为“IDC_Led”。

步骤 3：存放指示灯图片

准备两张 I/O 指示灯的图片放到工程的 res 文件夹中，如图 2-34 所示。

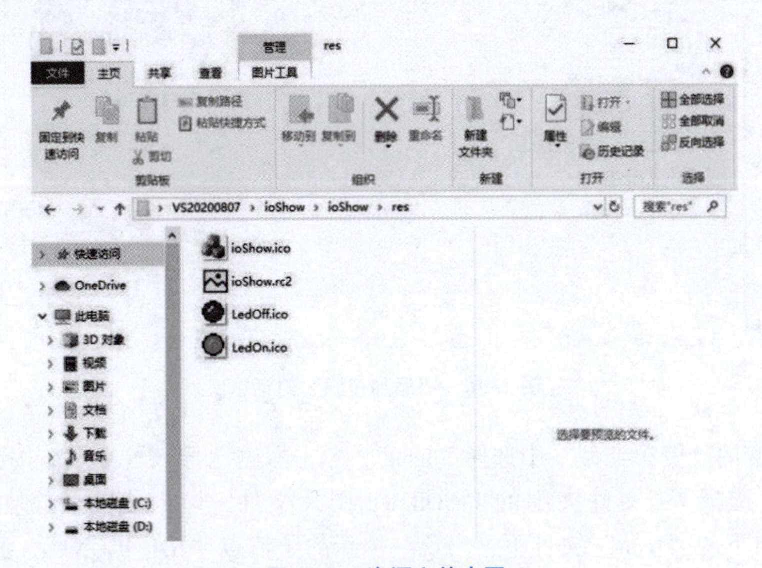

图 2-34　资源文件夹图

步骤 4：添加 Icon 资源

在 Visual Studio 界面资源视图中的“ioShow. rc”节点上单击右键，选择“添加资源”命令，如图 2-35 所示，弹出“添加资源”对话框，如图 2-36 所示。

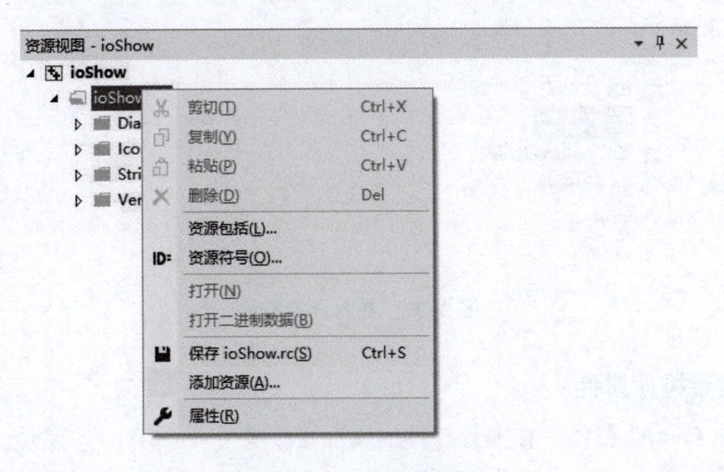

图 2-35　添加资源图示

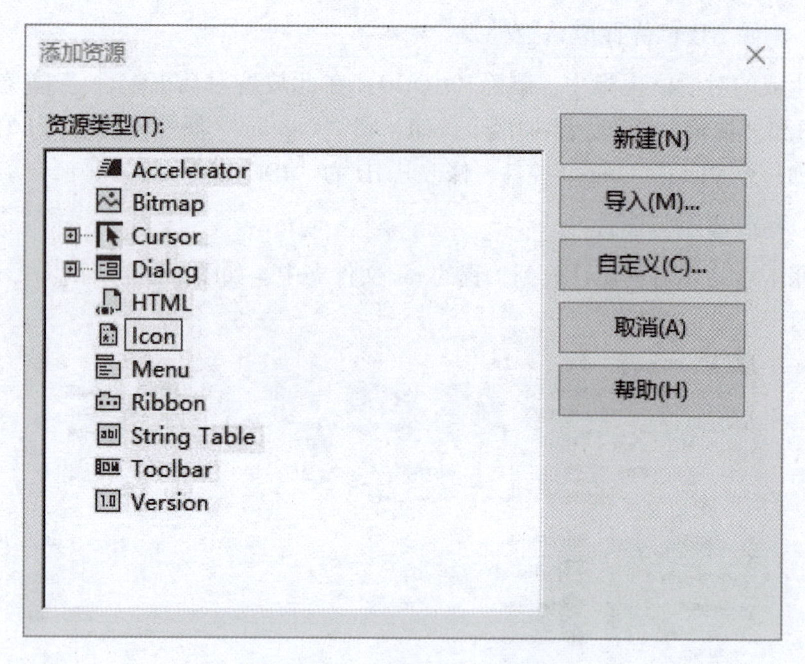

图 2-36 “添加资源”对话框

然后在左侧的“资源类型”中选择“Icon”，单击右侧“导入（M）”按钮，显示一个文件对话框，选择 res 文件夹中的 LedOff. ico 图片文件，导入成功后会在资源视图的 ioShow. rc* 节点下的“Icon”文件下，出现一个新的子节点“IDI_ICON1”，这里采用默认 ID 不修改。以同样的方法将 res 文件夹中的 LedOn. ico 图片导入，默认 ID 为“IDI_ICON2”，如图 2-37 所示。

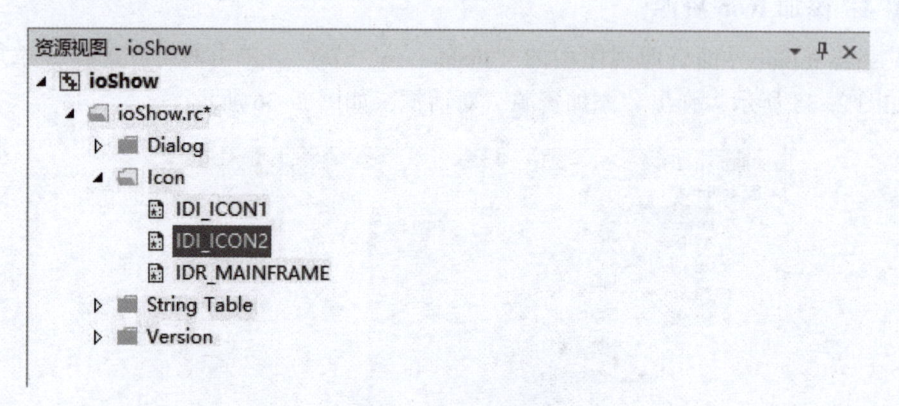

图 2-37 导入资源显示

步骤 5：设置控件属性

选中 Picture Control 控件，在图片控件的属性页中有一个“Type”属性，因为要加载的是图标图片，所以“Type”属性选择“Icon”。在图片控件的“Image”属性的下拉列表框中选择导入的图标 IDI_ICON1。此时，界面如图 2-38 所示。

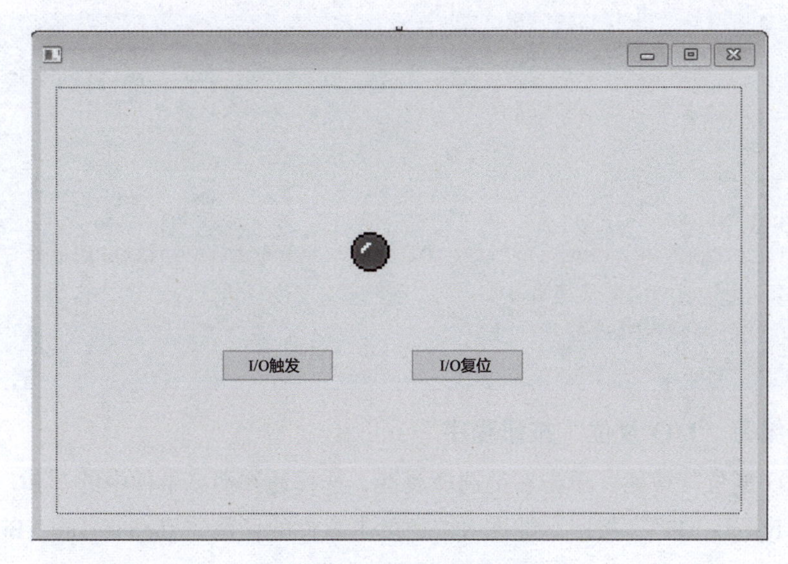

图 2-38　程序初始界面图

步骤 6：添加控制变量

选中 Picture Control 控件，单击右键为其添加 CStatic 类型的控件变量 IO_Status，如图 2-39 所示，然后单击“完成”按钮。

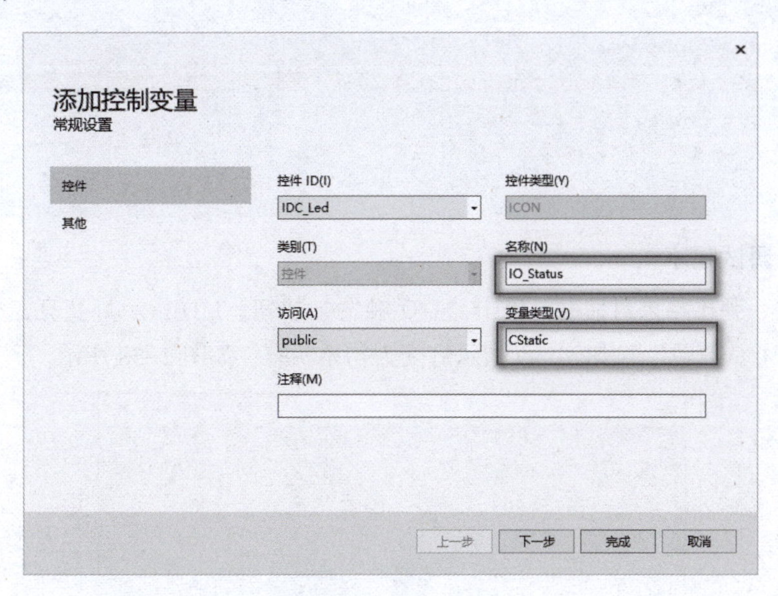

图 2-39　I/O 触发图

步骤 7：编写“I/O 触发”按钮程序

选中“I/O 触发”按钮，单击右键选择属性，选择通知消息事件中的“BN_CLICKED”，在右面写入“BtnChangeIO”，按回车键进入按钮单击事件的函数体 CioShowDlg::BtnChangeIO( )，修改为：

```
void CioShowDlg::BtnChangeIO()
{
    //TODO:在此添加控件通知处理程序代码

    //从资源加载图标
    HICON hIcon=NULL;
    hIcon=AfxGetApp()->LoadIcon(IDI_ICON2);//获取加载 IDI_ICON2 图标的句柄
    //为 Picture Control 控件加载图标
    IO_Status.SetIcon(hIcon);
}
```

步骤 8：编写“I/O 复位”按钮程序

选中“I/O 复位”按钮，单击右键选择属性，选择通知消息事件中的“BN_CLICKED”，在右面写入“Btn_LedOff”，按回车键进入按钮单击事件的函数体 CioShowDlg::Btn_LedOff( )，修改为：

```
void CioShowDlg::Btn_LedOff()
{
    //TODO:在此添加控件通知处理程序代码

    //从资源加载图标
    HICON hIcon=NULL;
    hIcon=AfxGetApp()->LoadIcon(IDI_ICON1);//获取加载 IDI_ICON1 图标的句柄
    //为 Picture Control 控件加载图标
    IO_Status.SetIcon(hIcon);
}
```

步骤 9：调试程序

运行程序，弹出结果对话框，单击“I/O 触发”按钮，I/O 指示灯变亮，如图 2-40 所示。再单击“I/O 复位”按钮，I/O 指示灯变为初始状态，如图 2-38 所示。

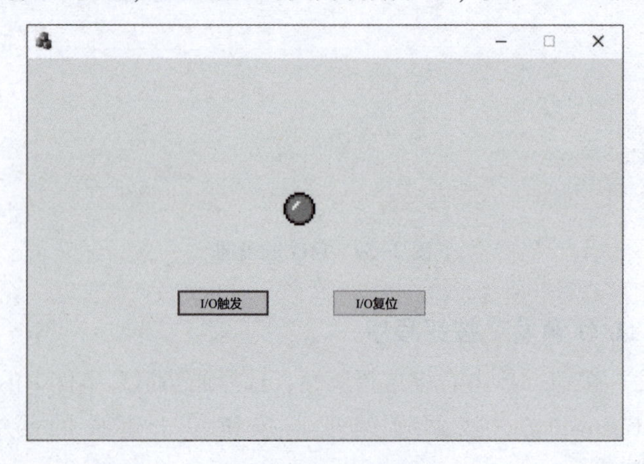

图 2-40　I/O 触发图

如果程序运行的结果不正确或者无法运行，则需要细心检查编程过程是否有遗漏，是否正确添加变量，程序代码是否正确，积极地进行模拟与实践，广开思路。

【任务评价】

<table>
<tr><th>评价内容</th><th>评价标准</th><th>配分</th><th>扣分</th></tr>
<tr><td rowspan="3">信号灯编程控制</td><td>正确选择控件，合理布置控件</td><td>20</td><td></td></tr>
<tr><td>正确编写控制程序</td><td>40</td><td></td></tr>
<tr><td>程序控制结果正确</td><td>40</td><td></td></tr>
<tr><td colspan="3">成绩</td><td></td></tr>
<tr><td colspan="4">收获体会：

学生签名：　　年　　月　　日</td></tr>
<tr><td colspan="4">教师评语：

教师签名：　　年　　月　　日</td></tr>
</table>

思考与练习

①MFC 安装时应注意哪些事项？

②简述常见按钮控件的区别。

③MFC 程序与 C++控制台程序有哪些区别？

④设计两个状态指示灯依次变化的界面。

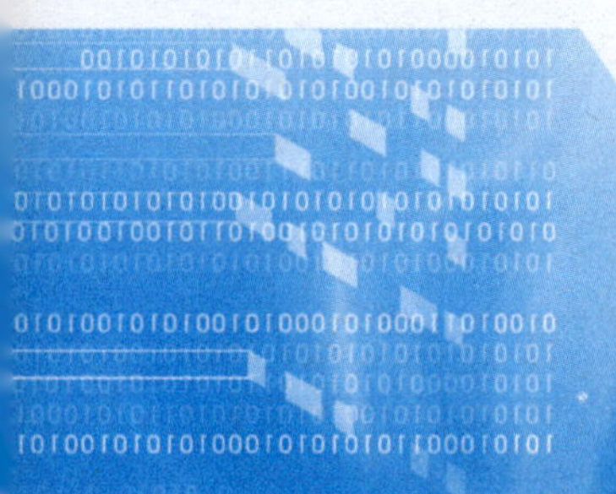

项目三

简易运动控制编程

项目导入

运动控制器在 Windows 系统下工作需要安装驱动程序，然后使用任何能够支持动态链接库的开发工具来开发运动控制器的应用程序。固高科技的运动控制器可以通过 C++编写应用程序，以实现系统的各种功能性运动。本项目通过学习 C++程序的基本结构，理解头文件、预处理指令、变量、函数等概念，掌握系统输入输出运动控制，学会点动（Jog）运动模式的编程控制。

学习目标

①认识 C++程序的架构，理解头文件、预处理指令、变量、函数等概念。

②能正确调用运动控制器的 gts. dll、gts. lib 和 gts. h 三个函数库。

③能正确编写 C++程序控制供料系统电磁阀动作，并安全规范地进行测试。

④能概述运动控制器模拟量编程控制的步骤，并完成编程控制任务。

⑤能概述运动控制器点动运动编程控制的步骤，并完成编程控制任务。

⑥会根据运动控制器指令返回值进行故障分析、排除。

素养目标

①培养学生热爱科学、专研技术的工匠精神。

②培养精益求精的工匠精神。

③培养学生坚韧、自强、互助的精神品格。

工作任务一　输入/输出控制

【任务描述】

流水线的工作示意如图 3-1 所示，使用异步电动机加变频器的流水线输送系统，控制器使用模拟量输出给变频器一个电压，可以控制异步电动机的运行速度。

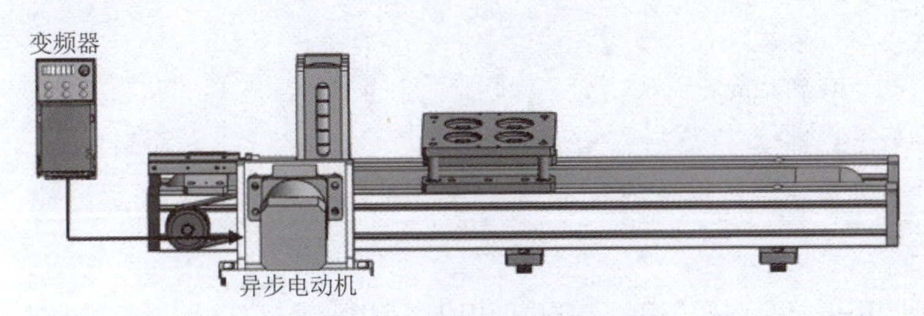

图 3-1　流水线工作示意图

【相关知识】

一、指令返回值及其意义

运动控制器按照主机发送的指令工作。运动控制器指令封装在动态链接库中。用户在编写应用程序时，通过调用运动控制器指令来操纵运动控制器。运动控制器在接收到主机发送的指令时，将执行结果反馈到主机，指示当前指令是否正确执行。指令返回值的定义见表 3-1。

表 3-1　运动控制器指令返回值定义表

返回值	意义	处理方法
0	指令执行成功	无
1	指令执行错误	检查当前指令的执行条件是否满足
2	license 不支持	如果需要此功能，请与生产厂商联系
7	指令参数错误	检查当前指令输入参数的取值
8	不支持该指令	DSP 固件不支持该指令对应的功能
-1～-5	主机和运动控制器通信失败	①是否正确安装运动控制器驱动程序； ②检查运动控制器是否接插牢靠； ③更换主机； ④更换控制器； ⑤运动控制器的金手指是否干净
-6	打开控制器失败	①是否正确安装运动控制器驱动程序； ②是否调用了 2 次 GT_Open 指令； ③其他程序是否已经打开运动控制器，或进程中是否还驻留着打开控制器的程序

续表

返回值	意义	处理方法
-7	运动控制器没有响应	更换运动控制器
-8	多线程资源忙	指令在线程里执行超时才返回，有可能是 PCI 通信异常，导致指令无法及时返回

下面是在 Visual Studio 2019 的 win32 console application 工程中检测 GT 指令是否正常执行的程序。

```
#include<iostream>
#include"gts.h"
//该函数检测某条 GT 指令的执行结果,command 为指令名称,error 为指令执行返回值
void commandhandler(char*command,short error)
{
    //如果指令执行返回值为非 0,说明指令执行错误,向屏幕输出错误结果
    if(error)
    {
        printf("%s=%d\n",command,error);
    }
}
int main(int argc,char*argv[])
{
    //指令返回值变量
    short sRtn;
    sRtn=GT_Open;
    //指令返回值校验
    commandhandler("GT_Open",sRtn);
    return 0;
}
```

注意：建议在用户程序中，检测每条指令的返回值，以判断指令的执行状态，并建立必要的错误处理机制，保证程序安全可靠地运行。

二、C++知识点

在编程中常用进制有二进制、八进制、十进制和十六进制。

二进制由两个数码 0、1 组成，逢二进一，在计算机领域中便是采用二进制计数，但是二进制在日常使用中既不方便阅读，书写也比较麻烦，所以常将二进制转换为其他进制形式。

八进制由数码0、1、2、3、4、5、6、7组成，并且每个数码正好对应三位二进制数，所以八进制能很好地反映二进制，一般以0开头地整数代表八进制数，如十进制的20用八进制表示为024。

十进制是在人类自发采用的进位制中使用最为普遍的一种，十进制的基数为10，数码由0~9组成，逢十进一。

十六进制由数字0~9加上字母A~F（它们分别表示十进制数10~15）组成，十六进制数是逢十六进一，一般以0x开头的整数表示十六进制数，如十进制的20用十六进制表示为0x14。

一个数无论是二进制还是十六进制，都是同一个数值，只是写法上的表现方式不同。在使用控制卡的数字量I/O时，由于需要同时读取多个I/O状态，所以使用一个数字表示16路输入或16路输出，这个数字转换为二进制后，每个bit位代表一路输入或输出，见表3-2。

表3-2　二进制位与I/O的对应表

bit	15	14	13	12	11	10	9	8	7	6	5	4	3	2	1	0
对应I/O	16	15	14	13	12	11	10	9	8	7	6	5	4	3	2	1

例如进行数字量输入信号输出时，信号触发输出的bit位设置为1，不触发输出的bit设置为0，此时若需要有2个数字量输出信号，分别接在Do4和Do7，当它们同时触发且其他输出信号都不触发时，二进制的表现见表3-3。

表3-3　Do输出在二进制的表现

bit	15	14	13	12	11	10	9	8	7	6	5	4	3	2	1	0
对应I/O	0	0	0	0	0	0	0	0	1	0	0	1	0	0	0	0

由此可得一个1001000的二进制数字，转换为十进制为72，十六进制为48。将此数字填入输出指令的参数中，即可同时输出两个数字量信号。同理，读取数字量输入也会读取到一个数值，将其转换为二进制，即可得知对应bit位的输入信号是否触发。

三、指令列表

1. GT_SetDac指令

设置DAC输出电压指令GT_SetDac说明见表3-4。

表3-4　GT_SetDac指令说明表

指令原型	short GT_SetDac(short dac,short * pValue,short count)
指令说明	设置DAC输出电压。在闭环模式下，da输出通道与轴挂接时，用户不能调用该指令直接输出电压
指令类型	立即指令，调用后立即生效

续表

指令参数	该指令共有 3 个参数。 dac：起始轴号。 pValue：输出电压。8 路轴控接口：-32 768 对应-10 V，32 767 对应+10 V； 4 路非轴接口：0 对应 0 V，32 767 对应+10 V； MC_ENABLE（该宏定义为 10）：驱动器使能； MC_CLEAR（该宏定义为 11）：报警清除； MC_GPO（该宏定义为 12）：通用输出。 count：设置的通道数，默认为 1。1 次最多可以设置 8 路 dac 输出
指令返回值	请查阅指令返回值列表

2. GT_GetAdc 指令

读取模拟量输入电压指令 GT_GetAdc 说明见表 3-5。

表 3-5　GT_GetAdc 指令说明表

指令原型	short GT_GetAdc(short adc, double* pValue, short count = 1, unsigned long* pClock = NULL)
指令说明	读取模拟量输入的电压值
指令类型	立即指令，调用后立即生效
指令参数	该指令共有 4 个参数。 adc：起始通道号，取值范围为［1，8］。 pValue：读取的输入电压值，单位为 V。 count：读取的通道数，默认为 1。1 次最多可以读取 8 路 adc 输入电压值。 pClock：读取控制器时钟，默认值为 NULL，即不用读取控制器时钟
指令返回值	请查阅指令返回值列表

3. GT_SetDoBit 指令

设置数字 I/O 输出指令 GT_SetDoBit 说明见表 3-6。

表 3-6　GT_SetDoBit 指令说明表

指令原型	short GT_SetDoBit(short doType, short doIndex, short value)
指令说明	按位设置数字 I/O 输出状态
指令类型	立即指令，调用后立即生效

续表

指令参数	该指令共有 3 个参数。 doType：指定数字 I/O 类型。 MC_ENABLE（该宏定义为 10）：驱动器使能； MC_CLEAR（该宏定义为 11）：报警清除； MC_GPO（该宏定义为 12）：通用输出。 doIndex：输出 I/O 的索引。 取值范围： doType=MC_ENABLE 时为［1，8］； doType=MC_CLEAR 时为［1，8］； doType=MC_GPO 时为［1，16］。 value：设置数字 I/O 输出电平。默认情况下，1 表示高电平，0 表示低电平
指令返回值	请参照指令返回值列表

【任务实施】

一、工作分析

输入/输出控制就是 I/O 控制，分为数字量控制和模拟量控制。本任务需要分清具体控制对象的 I/O 类型，选择正确的控制指令，只有设置正确的指令参数，才能正确控制目标。

任务需要分小组进行，各组协调分工，比如操作软件、编写程序、控制急停盒子、记录数据等，保证任务过程的高效性和安全性。

二、工作步骤

步骤 1：硬件连接

将运动控制卡、PC 机、端子板和流水线系统相关硬件正确接线，并将变频器控制参数调整为外部输入。

步骤 2：新建基于控制台程序的 VS 项目

①启动 Visual Studio 2019（VS2019），单击界面上的“创建新项目（N）”创建新项目。在创建项目后弹出创建新项目界面，选择“控制台应用”，单击“下一步”按钮，如图 3-2 所示。

②在创建控制台程序后弹出配置新项目界面，在“项目名称（N）”下面输入项目的名称“供料 Demo”，在“位置（L）”选择项目存放的位置，然后单击“创建”按钮。

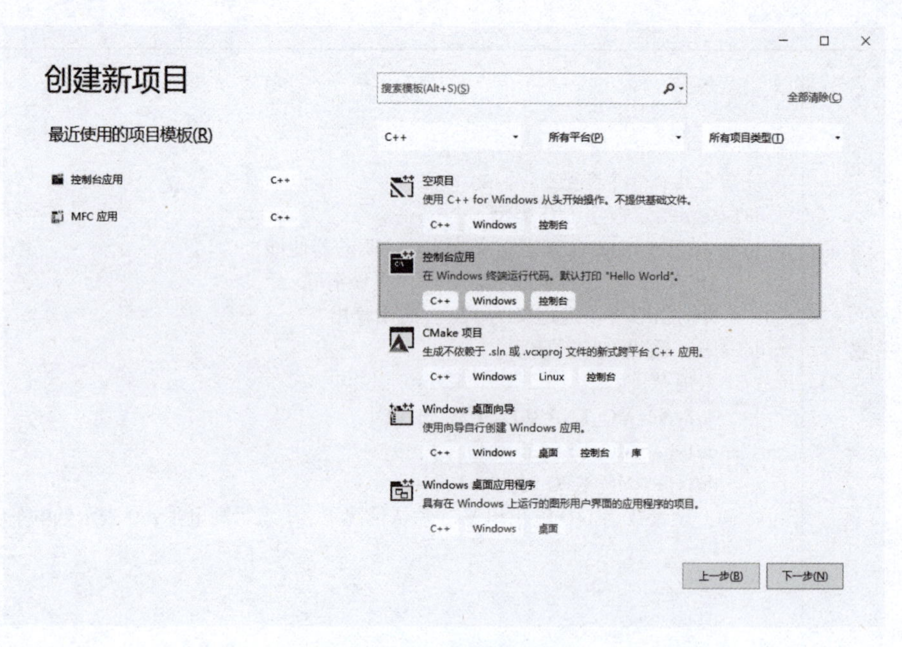

图 3-2　创建新项目界面

步骤 3：硬件连接添加动态链接库文件（.dll）、静态链接库文件（.lib）和头文件（.h）到项目文件

供料 Demo 项目创建后，Visual Studio 自动在指定位置生成许多文件。将产品配套光盘 dll 文件夹中的动态链接库文件 gts. dll、头文件 gts. h 和静态链接库文件 gts. lib 文件复制到工程文件夹中，如图 3-3 所示。注意所创建的程序是 32 位，应选择正确版本的文件。

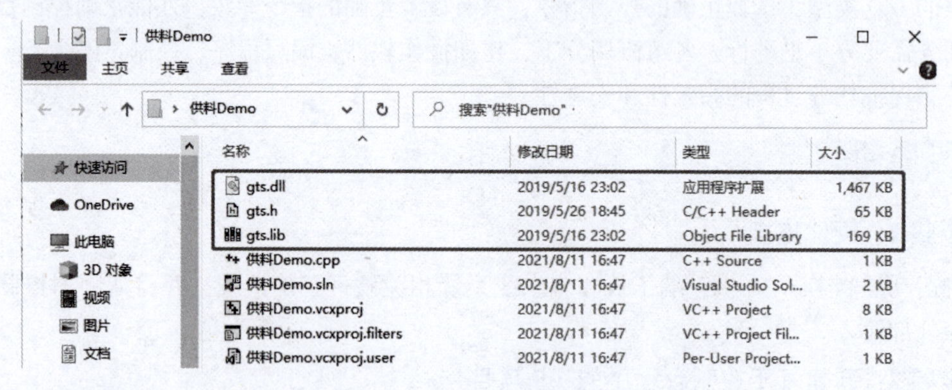

图 3-3　复制所需文件到工程文件夹

步骤 4：在程序中添加头文件

如图 3-4 所示，在供料 Demo 项目中右击“头文件”，选择“添加”→“现有项”。找到项目文件夹中的“gts. h”，然后单击“添加”命令。

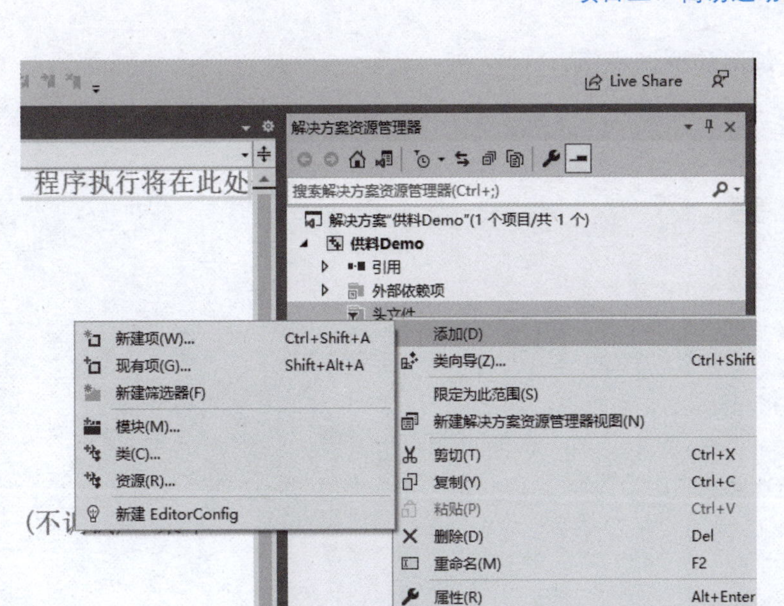

图 3-4　项目添加头文件图示

步骤 5：在程序中添加头文件和静态链接库文件的声明

如图 3-5 所示，在应用程序中加入函数库头文件的声明，例如：#include"gts. h"。同时，在应用程序中添加包含静态链接库文件的声明，如：#pragma comment（lib,"gts. lib"）。至此，用户就可以在 Visual C++中调用运动控制器函数库中的任意函数，可开始编写运动控制程序。

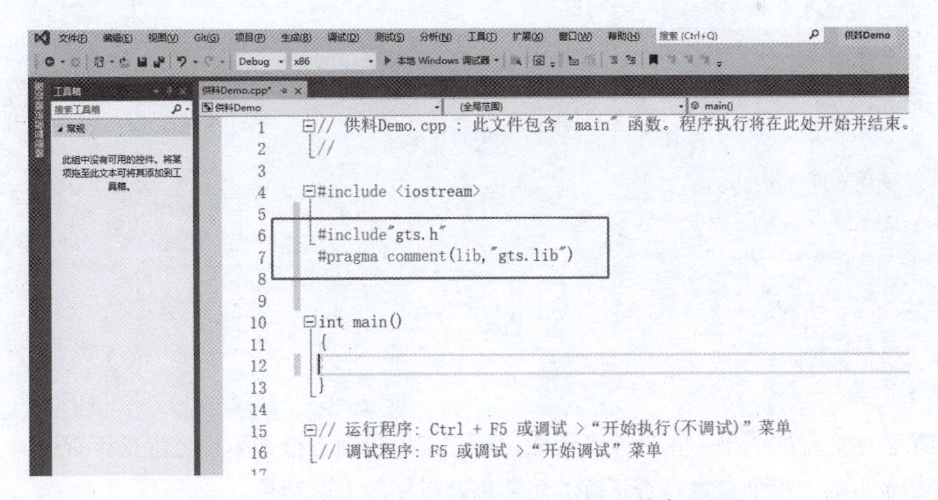

图 3-5　应用程序中头文件和静态链接库文件声明图示

步骤 6：编写和调试程序

```
int main()
{
    //指令返回值
    short sRtn;
    //输入信号
    long lGpiValue;
    //电压值
    double dGetVoltageValue[4];
    short sSetValue;
    //打开运动控制器
    sRtn=GT_Open();

    //读取数字量输入
    sRtn=GT_GetDi(MC_GPI,&lGpiValue);
    //判断料仓是否有料
    if(~lGpiValue&(1<<2)&&~lGpiValue&(1<<3))
    {
        //有料则气缸推出
        sRtn=GT_SetDoBit(MC_GPO,11,0);//推料气缸复位
    }
}

    //读取温度传感器
    sRtn=GT_GetAdc(7,&dGetVoltageValue[0],1);

    //设置流水线的输出电压,1V
    sSetValue=(short)32767*1/10;
    //写入输出值
    sRtn=GT_SetDac(5,&sSetValue,1);
    //启动电机
    sRtn=GT_SetDoBit(MC_GPO,9,0);
```

如果程序运行的结果不正确或者无法运行，则需要细心检查编程过程是否有遗漏，指令大小写是否正确，指令参数是否正确，培养精益求精的工匠精神。

【任务评价】

评价内容	评价标准	配分	扣分
指令返回值	正确查找指令返回值及其意义	4	
C++知识点	正确计算常用的进制数	5	
	理解 bit 位的含义	5	
指令列表	理解 GT_SetDac 指令的含义，并正确使用	5	
	理解 GT_GetAdc 指令的含义，并正确使用	5	
	理解 GT_SetDoBit 指令的含义，并正确使用	10	
程序编程与调试	正确编写和调试读取数字量输入程序	20	
	正确编写和调试读取温度传感器程序	20	
	正确编写和调试设置流水线的输出电压程序	20	
安全操作规范	未出现带电连接线缆	2	
	未出现交流 220 V 电源短路故障	2	
	未损坏线缆、零件，运行过程未发生异常碰撞	2	
成绩			
收获体会： 学生签名：　　年　　月　　日			
教师评语： 教师签名：　　年　　月　　日			

工作任务二 Jog 运动控制

【任务描述】

某设备运行程序在调用 GT_Update 指令启动 Jog 运动以后，先按照设定的加速度加速到目标速度后保持匀速运动，然后在运动过程中可以随时修改目标速度，如图 3-6 所示。本任务需要设计一个参数可设置的 Jog 运动程序。

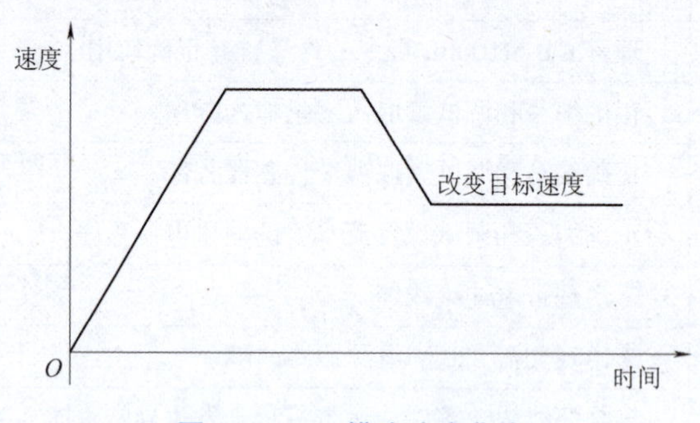

图 3-6 Jog 模式速度曲线

【相关知识】

一、C++知识点

1. 字符串

字符串（string）是由数字、字母、下划线组成的一串字符，是用来表示文本的数据类型。标准库类型 string 表示可变长的字符序列，使用 string 类型必须首先包含 string 头文件：#include<string>。

定义和初始化 string 对象的方式有多种，具体如下：

（1）string s1； //默认初始化，s1 是一个空字符串

（2）string s2=s1； //s2 是 s1 的副本

（3）string s3= “hiya”； //s3 的内容是 hiya

（4）string s4（10，‘c’）； //s4 的内容是 cccccccccc

可以通过默认的方式初始化一个 string 对象，这样就会得到一个空的 string，也就是说，该 string 对象中没有任何字符；如果提供了一个字符串字面值，则该字面值中除了最后那个空字符外其他所有的字符都会被复制到新建的 string 对象中去；如果提供的是一个数字和一个字符，则 string 对象的内容是给定字符连续重复若干次后得到的序列。函数体 CDemoJogDlg::zeropos()的代码如下所示：

```
//位置清零
void CDemoJogDlg::zeropos()
{
    //TODO:在此添加控件通知处理程序代码
    short sRtn;//返回值变量
    short axis;//定义轴号变量
    CString strVal;//定义一个 CString 类型的变量,用来存放从界面编辑框中获取的数据

    GetDlgItemText(IDC_EDIT_axis,strVal);//获取界面轴号
    axis=_ttoi(strVal);//将 CString 类型转换为整型
    sRtn=GT_ZeroPos(axis);//当前轴清零
}
```

CString 是 MFC 中最常见的类之一，用于封装字符串数据结构。使用 CString 的好处是不用担心用来存放格式化后数据的缓冲区是否足够大，这些工作由 CString 类完成。

2. 类型转换

对象的类型定义了对象能包含的数据和能参与的运算，其中一种运算被大多数类型支持，就是将对象从一种给定的类型转换为另一种相关的类型。当程序的某处使用了一种算术类型的值而其实所需要的是另一种类型的值时，需要对其进行类型转换。

在函数体 CDemoJogDlg::zeropos()中，由“GetDlgItemText(IDC_EDIT_axis，strVal);”语句从界面控件中读取的数据为 CString 类型，但是变量 axis 为 short 类型，所以需要对 strVal 进行数据类型转换。_ttoi()函数将变量由 CString 转换为整型。

在对数据进行类型转换时要注意类型所能表示的值的范围，当赋给一个超出它表示范围的值时，结果是无法预测的，程序可能继续工作，可能崩溃，也可能生成垃圾数据。

3. 指针

指针（pointer）是“指向（point to）”另外一种类型的复合类型，指针实现了对其他对象的间接访问。不过指针本身就是一个对象，允许对指针赋值和复制，而且在指针的生命周期内它可以先后指向几个不同的对象；另外，指针无须在定义时赋初值，在块作用域内定义的指针如果没有被初始化，也将拥有一个不确定的值。

定义指针的方法是：数据类型*变量名；如果在一条语句中定义了几个指针变量，每个变量前面都必须有 * 符号。

```
int *p1,*p2;//p1 和 p2 都是指向 int 型对象的指针
double dp,*p3;//p3 是指向 double 型对象的指针,dp 是 double 型对象
```

指针用于存放某个对象的地址，要想获取该地址，需要使用取地址符 &，并且指针的类型要和它指向的对象严格匹配。

```
int ival=42;
double dval;
int*p=&ival;//p 存放变量 ival 的地址,或者说 p 是指向变量 ival 的指针
int*pi=&dval;//错误:试图把 double 类型对象地址赋给 int 型指针
```

如果指针指向了一个对象，则允许使用解引用符*来访问该对象。

```
int ival=42;
int*p=&ival;
*p=0;//由*得到指针 p 所指向的对象,所以可以由 p 为变量 ival 赋值
```

二、指令列表

1. GT_PrfJog 指令

设定 Jog 运动模式的指令 GT_PrfJog 说明如表 3-7 所示。

表 3-7　GT_PrfJog 指令说明

指令原型	short GT_PrfJog(short profile)
指令说明	设置指定轴为 Jog 运动模式
指令类型	立即指令，调用后立即生效
指令参数	该指令有 1 个参数。 profile：规划轴号，正整数
指令返回值	请查阅指令返回值列表

2. GT_SetJogPrm 指令

设定 Jog 运动参数的指令 GT_SetJogPrm 说明如表 3-8 所示。

表 3-8　GT_SetJogPrm 指令说明

指令原型	short GT_SetJogPrm(short profile,TJogPrm*pPrm)
指令说明	设置 Jog 运动模式下的运动参数
指令类型	立即指令，调用后立即生效
指令参数	该指令共有 2 个参数。 profile：规划轴号，正整数。 pPrm：设置 Jog 模式运动参数。该参数为一个结构体，包含三个参数，详细的参数定义及说明如下： typedef struct JogPrm { double acc; double dec; double smooth; } TJogPrm;

续表

指令参数	acc：点位运动的加速度，为正数，单位为 pulse/ms^2。 dec：点位运动的减速度，为正数，单位为 pulse/ms^2。未设置减速度时，默认减速度和加速度相同。 smooth：平滑系数。取值范围为［0，1）。平滑系数的数值越大，加减速过程越平稳
指令返回值	请查阅指令返回值列表

3. GT_SetVel 指令

设定目标速度的指令 GT_SetVel 说明如表 3-9 所示。

表 3-9　GT_SetVel 指令说明

指令原型	short GT_SetVel(short profile,double vel)
指令说明	设置目标速度
指令类型	立即指令，调用后立即生效
指令参数	该指令共有 2 个参数。 profile，规划轴号，为正整数。 vel，设置目标速度，单位为 pulse/ms
指令返回值	请查阅指令返回值列表

4. GT_Update 指令

启动 Trap 运动或 Jog 运动的指令 GT_Update 说明如表 3-10 所示。

表 3-10　GT_Update 指令说明

<table>
<tr><td>指令原型</td><td>short GT_Update(long mask)</td></tr>
<tr><td>指令说明</td><td>启动 Trap 运动或 Jog 运动</td></tr>
<tr><td>指令类型</td><td>立即指令，调用后立即生效</td></tr>
<tr><td>指令参数</td><td>该指令有 1 个参数。
mask：按位指示需要启动 Trap 运动或 Jog 运动的轴号。当 bit 位为 1 时表示启动对应的轴。
对于 4 轴控制器：
<table>
<tr><td>bit</td><td>3</td><td>2</td><td>1</td><td>0</td></tr>
<tr><td>对应轴</td><td>4 轴</td><td>3 轴</td><td>2 轴</td><td>1 轴</td></tr>
</table>
对于 8 轴控制器：
<table>
<tr><td>bit</td><td>7</td><td>6</td><td>5</td><td>4</td><td>3</td><td>2</td><td>1</td><td>0</td></tr>
<tr><td>对应轴</td><td>8 轴</td><td>7 轴</td><td>6 轴</td><td>5 轴</td><td>4 轴</td><td>3 轴</td><td>2 轴</td><td>1 轴</td></tr>
</table>
</td></tr>
<tr><td>指令返回值</td><td>请查阅指令返回值列表</td></tr>
</table>

【任务实施】

一、工作分析

在 Jog 运动模式下，各轴可以独立设置目标速度、加速度、减速度、平滑系数等运动参数，能够独立运动或停止。设定平滑系数能够得到平滑的速度曲线，从而使加减速过程更加平稳。平滑系数的取值范围是 [0，1)，越接近 1，加速度变化越平稳。本任务需要调用 Jog 运动相关指令来完成所需的轨迹规划。

任务需要分小组进行，各组协调分工，比如操作软件、编写程序、控制急停盒子、记录数据等，保证任务过程的高效性和安全性。

二、工作步骤

步骤 1：搭建硬件平台

单轴运动控制模块由安川∑7 交流伺服电动机、交流伺服驱动器、单轴模组、光栅尺、铝标尺、指针和底板等结构组成，示意图如图 3-7 所示。

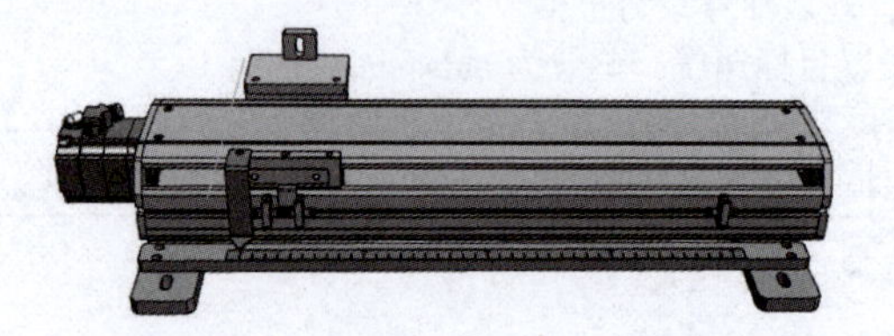

图 3-7　单轴运动控制模块示意图

硬件平台的接线包括伺服驱动器与伺服电动机、编码器的接线，分别如表 3-11、表 3-12 所示。

表 3-11　伺服驱动器与伺服电动机的接线

<table>
<tr><th>模块</th><th>引脚</th><th>信号</th><th>模块</th><th>引脚</th><th>信号</th></tr>
<tr><td rowspan="4">伺服驱动器
UVW 接口</td><td>1</td><td>U</td><td rowspan="4">伺服电动机</td><td>1</td><td>U1</td></tr>
<tr><td>2</td><td>V</td><td>2</td><td>V1</td></tr>
<tr><td>3</td><td>W</td><td>3</td><td>W1</td></tr>
<tr><td>4</td><td>PE</td><td>4</td><td>PE</td></tr>
</table>

表 3-12　伺服驱动器与编码器的接线

<table>
<tr><th>模块</th><th>引脚</th><th>信号</th><th>模块</th><th>引脚</th><th>信号</th></tr>
<tr><td rowspan="5">伺服驱动器
CN2 接口</td><td>5</td><td>PS</td><td rowspan="5">编码器</td><td>5</td><td>PS</td></tr>
<tr><td>6</td><td>PS-</td><td>6</td><td>PS-</td></tr>
<tr><td>1</td><td>+5 V</td><td>1</td><td>+5 V</td></tr>
<tr><td>2</td><td>0 V</td><td>2</td><td>0 V</td></tr>
<tr><td>4</td><td>FG</td><td>4</td><td>FG</td></tr>
</table>

步骤 2：配置伺服驱动器

设定值如表 3-13 所示。

表 3-13　伺服驱动器的参数设置

编号	名称	设定值
Pn000. 0	旋转方向选择	0：以 CCW 方向为正转方向
Pn000. 1	控制方式选择	1：位置控制（脉冲序列控制）
Pn00B. 2	三相输入规格伺服单元的电源输入选择	1：以单相电源输入来使用三相输入规格伺服单元
Pn200. 0	指令脉冲形态	0：符号+脉冲，正逻辑
Pn20E	电子齿轮比（分子）	16 777 216
Pn210	电子齿轮比（分母）	10 000
Pn212	编码器分频脉冲数	2 500

步骤 3：配置运动控制器

使用 MCT2008 对运动控制器进行配置，在控制器配置界面的“文件”菜单中，单击“写入到文件”菜单命令，即可对配置信息进行保存，生成配置文件（*. cfg），将其保存为 GTS800. cfg 文件。

步骤 4：新建 MFC 项目

1. 在 Visual Studio 中新建项目工程

①启动 Visual Studio。

②单击“创建新项目”，打开新建项目界面，选择“MFC 应用”，单击“下一步”按钮。

③在“项目名称”框中输入“Demo_Jog”，在“位置”处可选择创建项目存放的位置，“解决方案名称”可保持默认，“将解决方案和项目放在同一目录中”复选框勾选与否都可以，然后单击“创建”按钮。

④在创建项目后弹出 MFC 应用程序配置界面，选择应用程序类型为“基于对话框”，然后单击“完成”按钮，项目创建完成。

2. 调用库及配置文件

将工程中需要使用的动态链接库、头文件以及控制器配置文件复制到项目的源文件目录下。

3. 在程序中添加头文件

在 Demo_Jog 项目中选中“头文件”，单击右键选择“添加”→“现有项”。找到项目文件夹中的“gts. h”，然后单击选择“添加”命令。

4. 在程序中添加头文件和静态链接库文件的声明

在应用程序中加入函数库头文件的声明，例如：#include" gts. h"；同时，在应用程序中添加包含静态链接库文件的声明，如：#pragma comment(lib," gts. lib")。至此，用户就可以在 Visual C++中调用运动控制器函数库中的任意函数，开始编写运动控制程序。

5. 设计界面

根据需要设计运动程序界面（见图 3-8），并修改控件属性，例如，本例中需要修改 StaticText 控件的描述文字、Edit Control 控件的 ID、Button 控件的 ID 和描述文字。如果不确定后续会使用到哪些控件，也可以在需要用到某个控件时往界面上添加，然后对其属性进行修改即可。

图 3-8　Jog 运动程序界面设计

步骤 5：编写示例程序

①初始化程序。在界面设计窗口中单击“初始化”按钮，然后单击右键，打开“属性”对话框，选择“控件事件”（闪电标志的按钮），准备处理 BN_CLICKED 消息，单击其右侧空白列表项，会出现一个带下箭头的按钮，再单击此按钮会出现“OnBnClickedAddButton”选项，选中这个选项就会自动添加 BN_CLICKED 处理函数，也可以将处理函数命名为“init”，按回车键，进入该按钮的代码编辑页面，在此处实现运动控制卡的初始化功能，包括打开运动控制器、复位运动控制器、下载运动控制器的配置文件和清除电动机轴的轴状态。

```
//初始化程序
void CDemoJogDlg::init()
{
    //TODO:在此添加控件通知处理程序代码
    short sRtn;//指令返回值变量

    sRtn=GT_Open();//启动控制器
    sRtn=GT_Reset();//复位运动控制器
    sRtn=GT_LoadConfig("gts800.cfg");//配置运动控制器
    sRtn=GT_ClrSts(1,4);//清除1至4轴异常
}
```

②清除状态程序。修改“清除状态”按钮的处理函数名称，进入该按钮的代码编辑页面，在此处实现运动控制卡的清除状态功能。

```
//清除状态
void CDemoJogDlg::stsclr()
{
    //TODO:在此添加控件通知处理程序代码
    short sRtn;//返回值变量
    sRtn=GT_ClrSts(1,4);//将1至4轴驱动器报警、限位信号清除
}
```

③位置清零程序。修改“位置清零”按钮的处理函数名称，进入该代码编辑页面，在此处实现运动轴位置清零功能。

```
void CDemoJogDlg::zeropos()
{
    //TODO:在此添加控件通知处理程序代码
    short sRtn;
    short axis=getAxis();//获取轴号
    sRtn=GT_ZeroPos(axis);//将当前轴位置清零
}
```

说明一下，由于在后面会多次用到轴号，如果每次都写一遍获取轴号、数据类型转换的代码，会很烦琐，代码会存在大量重复，所以在这里单独定义一个函数，用来获取轴号及数据类型转换，然后将转换后的数据作为该函数的返回值输出，这样每次需要用到轴号的时候只需要调用该函数就可以了。

在代码编辑页面，也就是Demo_JogDlg.cpp源文件中添加一个子函数short CDemoJogDlg::getAxis()的定义，在Demo_JogDlg.h头文件中添加该函数声明。

```
short CDemoJogDlg::getAxis()
{
    //从界面获取轴号,并转换为 short 类型
    CString strVal;//定义一个 CString 类型的变量,用来存放从界面编辑框中获取的数据
    GetDlgItemText(IDC_EDIT_Axis,strVal);//获取界面轴号
    short axis=_ttoi(strVal);//将 CString 类型变量转换为整型,存放在定义为轴号的变量中
    return axis;
}
```

④伺服使能程序。修改“伺服使能”按钮的处理函数名称，进入该按钮的代码编辑页面，在此处实现运动控制卡的使能功能。

```
//伺服使能
void CDemoJogDlg::servoenble()
{
    //TODO:在此添加控件通知处理程序代码
    short sRtn;
    short axis=getAxis();//获取轴号
    sRtn=GT_AxisOn(axis);//伺服使能
}
```

⑤伺服关闭程序。修改“伺服关闭”按钮的处理函数名称，进入该按钮的代码编辑页面，在此处实现运动控制卡的关闭伺服功能。

```
void CDemoJogDlg::servodisenble()
{
    //TODO:在此添加控件通知处理程序代码
    short sRtn;
    short axis=getAxis();//获取轴号
    sRtn=GT_Stop(1<<(axis-1),1<<(axis-1));//停止当前轴运动
    sRtn=GT_AxisOff(axis);//当前轴伺服关闭
}
```

⑥Jog 运动程序。在代码编辑页面添加一个 Jog 运动的函数，在此函数中实现 Jog 运动的运动模式、运动参数设置，并启动 Jog 运动程序，将此函数在与当前文件同名的 .h 头文件中声明。

```
//Jog 运动
void CDemoJogDlg::JogMotion(double direction)
{
    short sRtn;//返回值变量
    CString strVal;//定义一个 CString 类型的变量,用来存放从界面编辑框中获取的数据
```

```
    TJogPrm jog;//定义一个结构体变量,用来存放 Jog 运动模式的运动参数

    short axis=getAxis();//获取轴号
    sRtn=GT_ZeroPos(axis);//将当前轴位置清零
    sRtn=GT_PrfJog(axis);//将 AXIS 轴设置为 Jog 模式
    sRtn=GT_GetJogPrm(axis,&jog);//读取 Jog 运动参数
    GetDlgItemText(IDC_EDIT_acc,strVal);//获取界面输入的加速度
    jog.acc=_ttof(strVal);//将 CString 类型变量 strVal 转换为实型,并传给结构体变量成员
    GetDlgItemText(IDC_EDIT_dec,strVal);//获取界面输入的减速度
    jog.dec=_ttof(strVal);//将 CString 类型变量 strVal 转换为实型,并传给结构体变量成员
    GetDlgItemText(IDC_EDIT_smooth,strVal);//获取界面输入的平滑系数
    jog.smooth=_ttof(strVal);//将 CString 类型变量 strVal 转换为实型,并传给结构体变量
成员
    sRtn=GT_SetJogPrm(axis,&jog);//设置 Jog 运动参数,将运动参数写入运动控制器
    GetDlgItemText(IDC_EDIT_speed,strVal);//获取界面输入的速度
    double Vel=_ttof(strVal)*direction;//将 CString 类型变量 strVal 转换为实型,再乘
以方向系数,并存放在速度变量中
    sRtn=GT_SetVel(axis,Vel);//设置 axis 轴的目标速度
    sRtn=GT_Update(1<<(axis-1));//启动 axis 轴的运动
}
```

⑦检测鼠标按键按下程序。在代码编辑页面添加一个函数，在此函数中判断鼠标左键是否按下，当“负向”按钮按下时，调用Jog运动函数，让电动机向负向运动，当“正向”按钮按下时，调用Jog运动函数，让电动机向正向运动，松开按钮时，停止运动。

```
BOOL CDemoJogDlg::PreTranslateMessage(MSG*pMsg)
{
    if(pMsg->message==WM_LBUTTONDOWN)//拦截鼠标左键按下消息
    {
        if(pMsg->hwnd==GetDlgItem(IDC_BUT_Neg)->m_hWnd)//当按下的位置为“负向”按
钮时
        {//负向运动
            JogMotion(-1);//调用 Jog 运动子函数,方向为负方向
        }
        else if(pMsg->hwnd==GetDlgItem(IDC_BUT_Pos)->m_hWnd)//当按下的位置为“正
向”按钮时
        {//正向运动
            JogMotion(1);//调用 Jog 运动子函数,方向为正方向
        }
    }
```

```
    else if(pMsg->message==WM_LBUTTONUP)//当鼠标左键松开时
    {
        if((pMsg->hwnd==GetDlgItem(IDC_BUT_Neg)->m_hWnd)||
            (pMsg->hwnd==GetDlgItem(IDC_BUT_Pos)->m_hWnd))//当“负向”按钮或者“正向”按钮松开时
        {
            short sRtn;//返回值变量
            short axis=getAxis();//获取轴号
            sRtn=GT_Stop(1<<(axis-1),1<<(axis-1));//停止当前轴运动
        }
    }
    return CDialog::PreTranslateMessage(pMsg);//一定要有,其他消息系统默认处理
}
```

步骤 6：设置参数和程序调试

检查代码是否正确，生成解决方案，对代码进行调试，如图 3-9 所示。

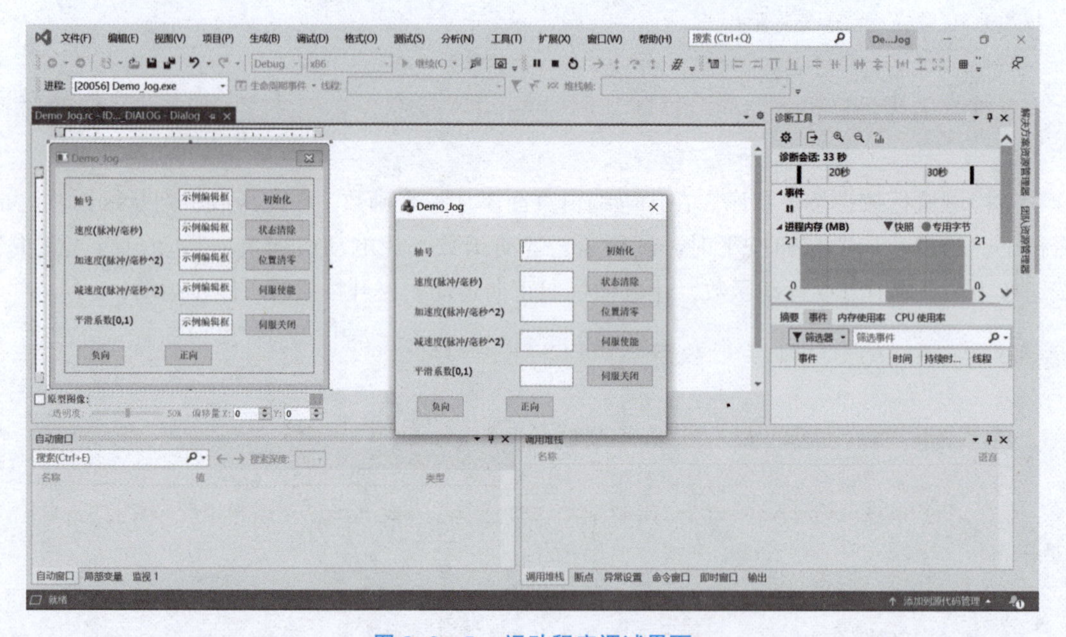

图 3-9　Jog 运动程序调试界面

如图 3-10 所示的控制界面，在界面编辑框中依次填入轴号、速度、加速度、减速度以及平滑系数等参数，然后依次单击“初始化”“状态清除”“位置清零”“伺服使能”按钮，单击“正向”按钮，观察轴运动状态，单击“负向”按钮，观察轴运动状态。

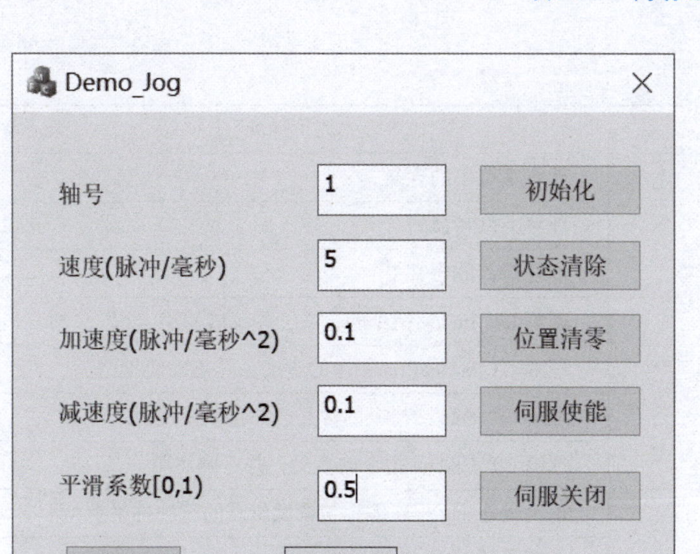

图 3-10　运动控制界面

如果程序运行的结果不正确或者无法运行，则需要细心检查编程过程是否有遗漏，是否正确添加变量，程序代码是否正确，小组成员互相指导，培养坚韧、自强、互助的精神品格。

【任务评价】

评价内容	评价标准	配分	扣分
C++知识点	理解字符串的含义	5	
	理解类型转换的含义	5	
	理解指针的含义	5	
指令列表	理解 GT_PrfJog 指令的含义，并正确使用	5	
	理解 GT_SetJogPrm 指令的含义，并正确使用	5	
	理解 GT_SetVel 指令的含义，并正确使用	5	
	理解 GT_Update 指令的含义，并正确使用	5	
Jog 程序编程与调试	正确搭建 Jog 程序编程与调试所需的软硬件平台	4	
	合理设计 MFC 界面	5	
	正确编写和调试 Jog 程序	50	
安全操作规范	未出现带电连接线缆	2	
	未出现交流 220 V 电源短路故障	2	
	未损坏线缆、零件，运行过程未发生异常碰撞	2	
成绩			
收获体会： 学生签名：　　年　　月　　日			
教师评语： 教师签名：　　年　　月　　日			

思考与练习

①编写不同时间段流水线不同输送速度的程序。

②编写供料系统控制程序：供料系统在料仓有料的情况下，每隔 2 s 气缸完成伸出和缩回两个动作，没料时停止动作。

③编程完成轴 1 运动在 Jog 模式下，初始目标速度为 80 pulse/ms。动态改变目标速度，当规划位置超过 100 000 pulse 时，修改目标速度为 40 pulse/ms。

项目四

回零运动控制编程

项目导入

工业设备常使用增量式编码器来反馈运动机构的位置信息，当设备主动重启或故障断电重启时，无法确认设备在此期间是否移动，编码器反馈的工作平台位置是不准确的，此时需要通过寻找固定的标记点，从而让系统知道运动部件的位置。本项目通过学习工业常用的回零模式，掌握常见回零模式的原理和使用方法，学会回零运动的编程控制。

学习目标

①能阐述工业常用回零模式的种类和原理。

②能熟练使用 if 语句、关系表达式、逻辑表达式和 do-while 循环语句。

③能根据设备实际需求，正确选择回零模式。

④能编写回零运动程序和进行界面设计，并安全规范地进行测试。

素养目标

①增强学习过程中不同阶段进行反思的意识。

②培养学生吃苦耐劳、积极努力的人生观。

③培养学生积极讨论、主动提出问题的习惯。

工作任务一 回零模式应用

【任务描述】

如图 4-1 所示为常见单轴丝杠模组，常规使用会在其一侧安装 3 个传感器，分别是正限位、负限位和原点 3 个传感器，增量式编码器就是利用它们来定义原点位置，试分析 3 个传感器的作用，并能根据实际情况选择合适的回零模式。

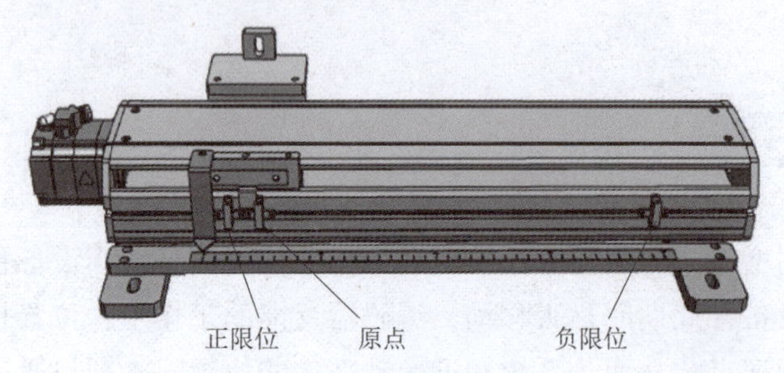

图 4-1 单轴丝杠模组

【相关知识】

一、Smart Home 介绍

为了方便用户使用 GTS 控制器回零点功能，增加了 Smart Home（智能回零点）运动模式，在该模式下，用户只需根据回零点的方式配置相应的参数，调用一条指令就可以实现自动回零点。

名称解释：Home，原点；Index，编码器转动一圈产生的 Z 相信号（也称为 C 相信号）。

Smart Home 是对 GTS 系列运动控制器的“Home/Index 回零点”和“自动回零点”的优化和扩展。Smart Home 仍然采用高速硬件捕获机制实现回零点，把原来较为烦琐的回零过程固化到控制器，只需要调用简单指令就能实现回零点，简化了用户程序。此外，Smart Home 汲取了工控界较为常见的回零点方式，集成到控制器给予实现。

二、限位回零介绍

调用回零点指令，电动机从所在位置以较高的速度往限位方向运动，如果碰到限位，则反方向运动，脱离限位后再以较低的速度往限位方向运动，触发限位后停止运动，此处即为零点，如图 4-2 所示。这种回零点方式没有用到高速硬件捕获功能，适用于对回零点精度要求不高或者不易于安装 Home 开关的场合。

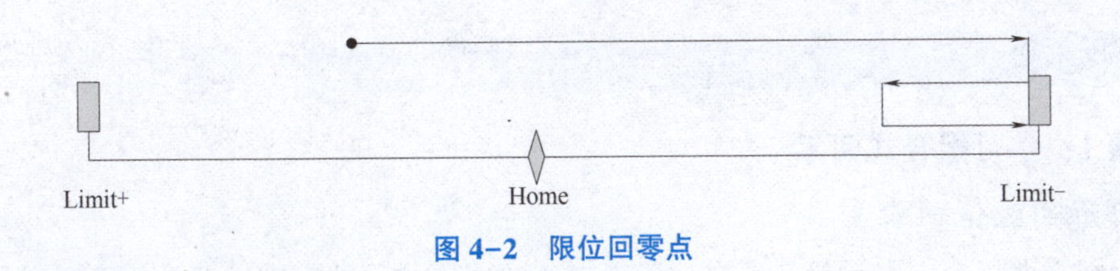

图 4-2　限位回零点

三、Home 回零介绍

调用回零点指令，电动机从所在位置以较高的速度运动并启动高速硬件捕获，在设定的搜索范围内寻找 Home，当触发 Home 开关后，电动机会以较低的速度运动到捕获的位置处，如图 4-3 所示。

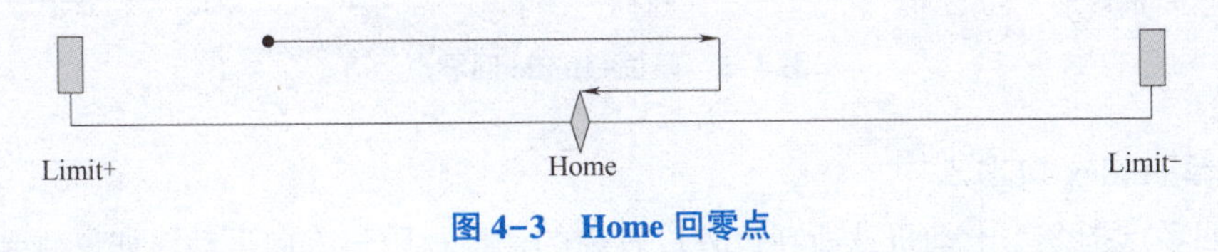

图 4-3　Home 回零点

四、Index 回零介绍

调用回零点指令，电动机从所在位置以较高的速度运动并启动高速硬件捕获，在设定的范围内搜索 Index，捕获到编码器的 Index 信号后，电动机再以较低的速度运动到 Index 处的位置停止，如图 4-4 所示。

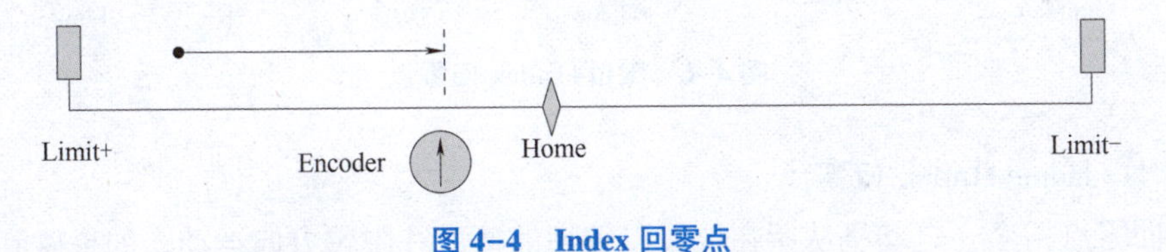

图 4-4　Index 回零点

【任务实施】

一、工作分析

通常设备在不受安装条件限制时，为了提高回零的精度，会采取组合式回零。实际上，电动机在回零开始时所在的位置有可能正处于 Home 开关或限位开关处，这种情况下，不同的回零模式有不同的处理办法。本任务需要掌握不同回零方式的原理，结合实际选择合适的回零方式。

二、工作步骤

步骤 1：学习组合式回零

1. 限位+Home 回零点

调用回零点指令，电动机从所在位置以较高的速度往限位方向运动，如果碰到限位，则反方向运动并启动高速硬件捕获，在设定的搜索范围内搜索 Home，当触发 Home 开关后，电动机会以较低的速度运动到捕获的位置处（即 Home 开关），如图 4-5 所示。

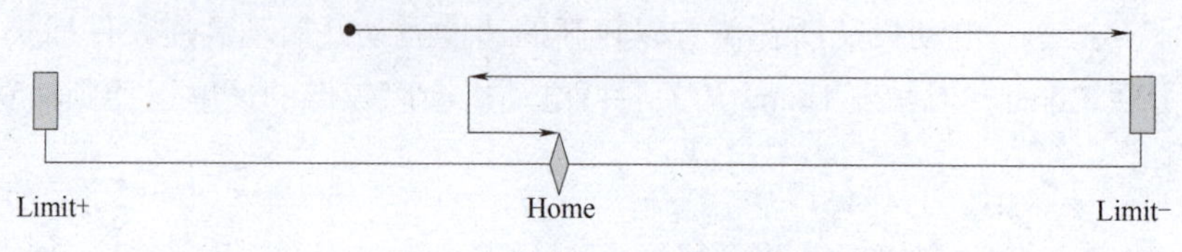

图 4-5　限位+Home 回零点

2. 限位+Index 回零点

调用回零点指令，电动机从所在位置以较高的速度往限位方向运动，如果碰到限位，则以较低的速度反方向运动并启动高速硬件捕获，在设定的搜索范围内寻找 Index，捕获到编码器的 Index 信号后，电动机会运动到捕获的位置处（编码器 Index 位置），如图 4-6 所示。

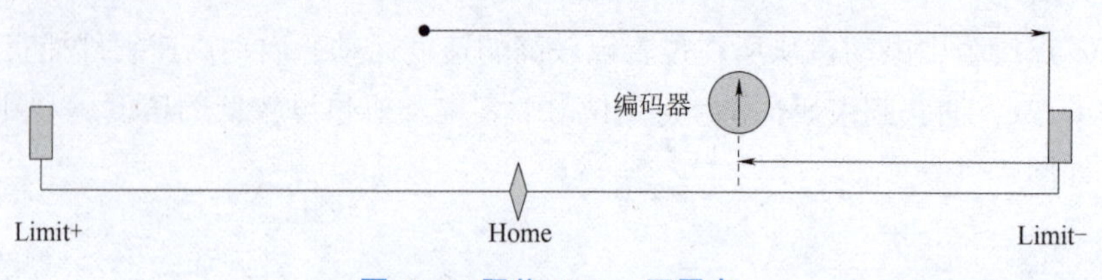

图 4-6　限位+Index 回零点

3. 限位+Home+Index 回零点

调用回零点指令，电动机从所在位置以较高的速度往限位方向运动，如果碰到限位，则反方向运动并启动高速硬件捕获，在设定的范围内搜索 Home，当触发 Home 开关后，如果设定的搜索 Index 方向与搜索 Home 方向相同，则电动机会直接以较低的速度在设定的搜索范围内寻找 Index；反之，电动机会以较低的速度运动到捕获的 Home 位置处，之后再次启动运动，在设定的搜索范围内寻找 Index。捕获到编码器的 Index 信号后，电动机运动到 Index 处的位置后停止，如图 4-7 所示。

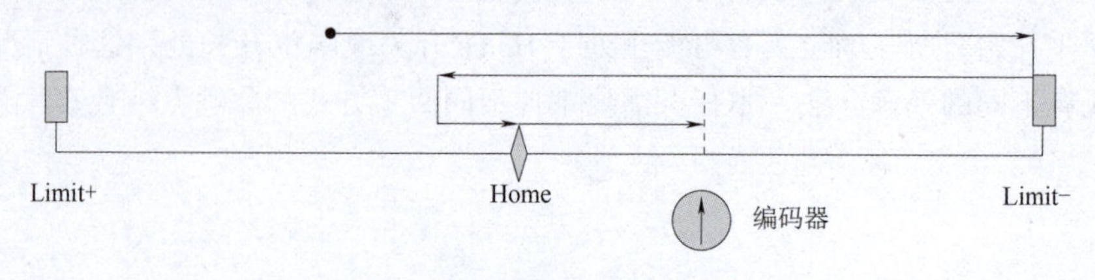

图 4-7　限位+Home+Index 回零点

4. Home+Index 回零点

调用回零点指令，电动机从所在位置以较高的速度运动并启动高速硬件捕获，在设定的范围内搜索 Home，当触发 Home 开关后，如果设定的搜索 Index 方向与搜索 Home 方向相同，则电动机会直接以较低的速度在设定的搜索范围内寻找 Index；反之，电动机会以较低的速度运动到捕获的 Home 位置处，之后再次启动运动，在设定的搜索范围内寻找 Index。捕获到编码器的 Index 信号后，电动机运动到 Index 处的位置后停止，如图 4-8 所示。

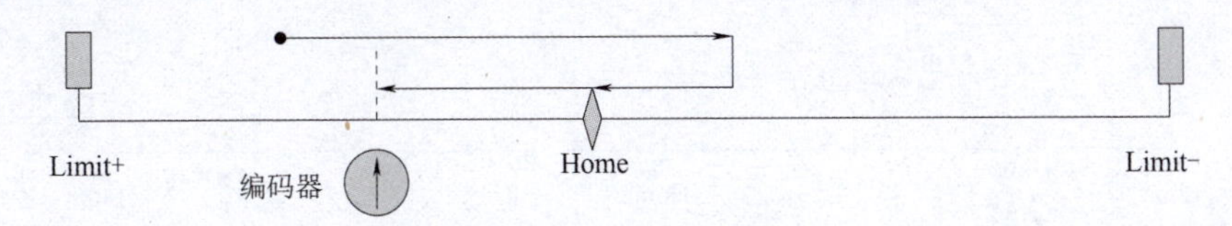

图 4-8　Home+Index 回零点

5. 强制 Home 回零点

当运动方向朝向 Home，则按照 Home 回零点实现；当运动方向背向 Home 时，则电动机以较高的速度运动，在搜索范围内若碰到限位或运动到指定的搜索距离时则反方向运动，继续寻找 Home，如图 4-9 所示。

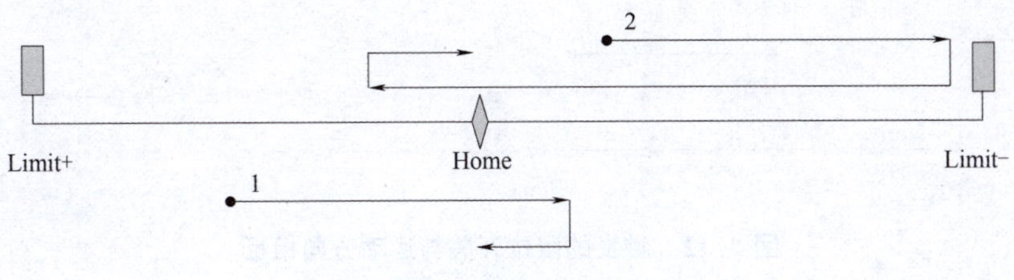

图 4-9　强制 Home 回零点

6. 强制 Home+Index 回零点

当运动方向朝向 Home，则按照 Home+Index 回零点实现；当运动方向背向 Home 时，则电动机以较高的速度运动，在搜索范围内若碰到限位或运动到指定的搜索距离时则反方向运动，继续寻找 Home。当触发 Home 开关后，如果设定的搜索 Index 方向与搜索 Home 方向相同，则电动机会直接以较低的速度在设定的搜索范围内寻找 Index；反之，电动机会以较低的速度运动到捕获的 Home 位置处，之后再次启动运动，在设定的搜索范围内寻找 Index。捕获到编码器的 Index 信号后，电动机会在运动到 Index 处的位置停止，如图 4-10 所示。

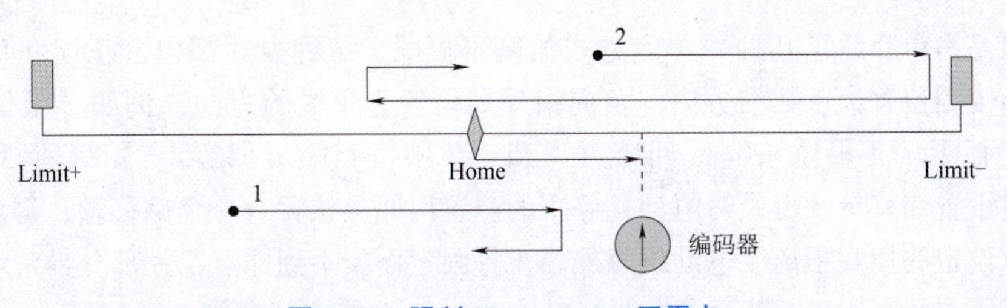

图 4-10　强制 Home+Index 回零点

步骤 2：学习特殊位置回零

①对于限位回零点、限位+Home 回零点、限位+Index 回零点、限位+Home+Index 回零点，如果电动机所处位置触发的限位开关与运动方向一致（往正方向运动且处于正限位或者往负方向运动处于负限位），则控制器会让电动机回退一定距离，脱离限位后再开始执行回零动作，如图 4-11 所示。

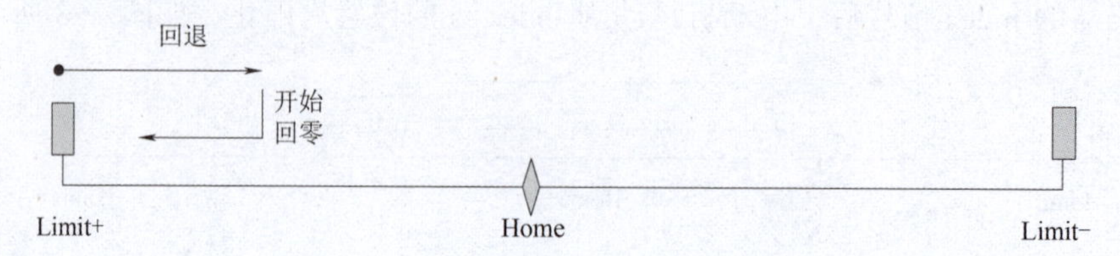

图 4-11　触发的限位开关与运动方向一致

②对于 Home 回零点、Home+Index 回零点、强制 Home 回零点、强制 Home+Index 回零点，如果电动机所处位置触发的限位开关与运动方向相反（往正方向运动且处于负限位或者往负方向运动且处于正限位），则控制器会让电动机脱离限位，再反方向去寻找 Home 执行回零动作，如图 4-12 所示。

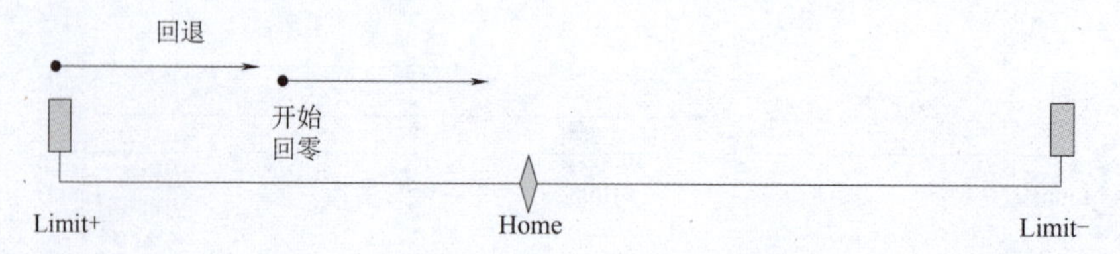

图 4-12　触发的限位开关与运动方向相反

③对于 Home 回零点、Home+Index 回零点、强制 Home 回零点、强制 Home+Index 回零点，如果电动机所处的位置位于 Home 开关上，则控制器会让电动机往搜索 Home 的反方向运动脱离 Home 开关，再开始执行回零动作，如图 4-13 所示。

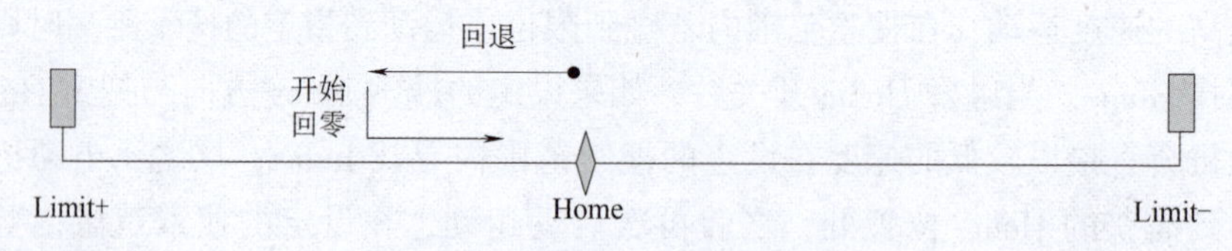

图 4-13　电动机位于 Home 开关上

上面只是简单介绍了几种回零点方式的基本概况，每种方式都包含正向和负向两种方法，正向指规划位置为正数的方向，负向指规划位置为负数的方向，例如“限位+Home 回零点”即包括了“正限位+Home 回零点”和“负限位+Home 回零点”；每种回零点方式，都可以通过设置偏移量使得最终电动机停止的位置离原点位置有一个偏移量；每种回零点方式可能由于设定的搜索距离、电动机意外停止等因素而找不到原点，大部分异常情况都可以通过查看回零点状态来进行辨识。此外，Smart Home 功能支持各轴单独回零点，互不影响，即可以实现多轴同时回零点。

【任务评价】

<table>
<tr><th>评价内容</th><th>评价标准</th><th>配分</th><th>扣分</th></tr>
<tr><td rowspan="7">Smart Home 运动模式</td><td>掌握限位回零的含义和方法</td><td>20</td><td></td></tr>
<tr><td>掌握 Home 回零的含义和方法</td><td>20</td><td></td></tr>
<tr><td>掌握 Index 回零的含义和方法</td><td>20</td><td></td></tr>
<tr><td>掌握限位+Home 回零的含义和方法</td><td>20</td><td></td></tr>
<tr><td>理解限位+Index 回零的含义和方法</td><td>5</td><td></td></tr>
<tr><td>理解限位+Home+Index 回零的含义和方法</td><td>5</td><td></td></tr>
<tr><td>理解特殊位置回零的含义和方法</td><td>10</td><td></td></tr>
<tr><td colspan="3">成绩</td><td></td></tr>
<tr><td colspan="4">收获体会：

学生签名：　　年　　月　　日</td></tr>
<tr><td colspan="4">教师评语：

教师签名：　　年　　月　　日</td></tr>
</table>

工作任务二　回零运动编程控制

【任务描述】

如图 4-14 所示为单轴回零界面，试设计一个单轴回零的程序实现以下任务：通过界面按钮实现运动控制卡初始化、状态清除、位置清零、电动机轴伺服使能与伺服关闭；通过界面选择轴号，设置运动速度，进行手动操作，在“负向”按钮上，单击左键，电动机轴向负向运动，在“正向”按钮上，单击左键，电动机轴向正向运动，松开左键，电动机轴停止运动；单击“启动回零”按钮，电动机轴进行回零动作。

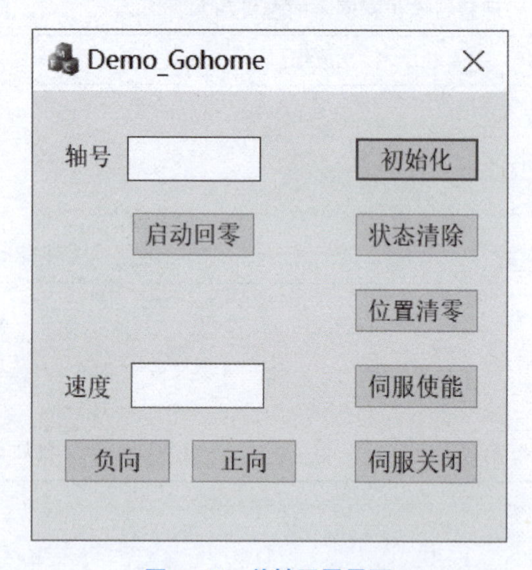

图 4-14　单轴回零界面

【相关知识】

一、硬件介绍

1. 传感器介绍

由于 GTS 系列运动控制器限位、Home 和通用输入均为 NPN 型，本项目选用欧姆龙 EE-SPWL311 光电开关。光电开关是指以光源为介质，应用光电效应，当光源受物体遮蔽或发生反射、辐射和遮光导致受光量变化来检测对象的有无、大小和明暗，而向产生接点和无接点输出信号的开关元件。EE-SPWL311 为发射器与接收器一体化的 U 形光电开关，U 形槽内有遮挡物时，接收器受光量变少，输出端产生电平转换。其为 NPN 输出型，与运动控制器匹配，输入电源为 DC 5~24 V。

2. 运动平台及驱动器介绍

XYZ 模组模块，如图 4-15 所示，主要由安川 Σ7 交流伺服电动机、拖链、单轴模组、吸盘夹爪组件、激光笔、支架和底架等结构组成。

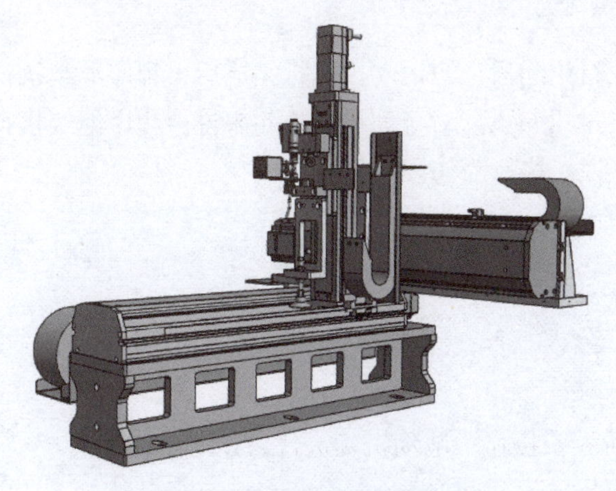

图 4-15　XYZ 模组模块示意图

流水线模块，如图 4-16 所示，主要由流水线型材框架、驱动电机组件、二次定位机械手、流水线底座、同步带、对射感应器、码垛组件、料仓组件和传送带等结构组成，是 XYZ 模块进行样件抓取和激光笔绘图的准备工作平台。

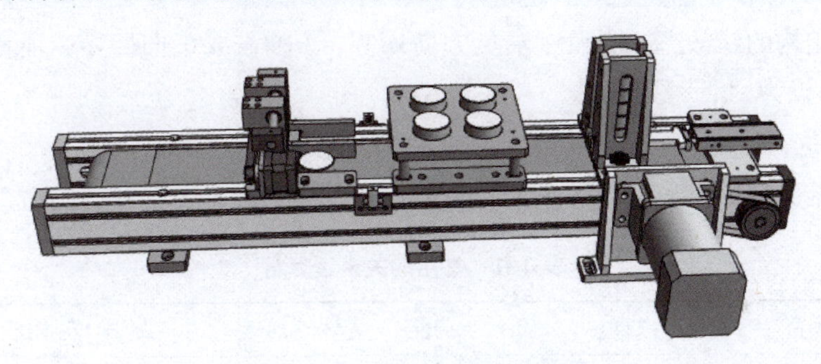

图 4-16　流水线模块示意图

在回零实验中只是用到了二次定位机械手部分，需要对步进电动机进行回零。

二、C++知识点

1. if 语句

if 语句的作用是：判断一个指定的条件是否为真，根据判断结果决定是否执行另外一条语句。if 语句包括两种形式：一种含有 else 分支，另一种没有。

if 语句的语法形式如下：

```
if（条件）
    语句段
```

if else 语句形式如下：

```
if（条件）
    语句段 1
else
```

语句段 2

如果条件为真，执行语句段，当语句段执行完成后，程序继续执行 if 语句后面的其他语句，如果条件为假，跳过语句段。对于简单 if 语句来说，程序继续执行 if 语句后面的其他语句；对于 if else 语句来说，执行语句段 2。

```
if(gAxis<=3)
{
    if(gAxis==3)
    {
        dir=-1;
    }
    //设置回零参数
    tHomePrm.mode=11;//采用 Home+双限位模式
    tHomePrm.moveDir=-1*dir;//设置启动搜索原点时的运动方向为负方向
.....
}
```

因为机械结构的缘故，1 轴和 2 轴负方向回零，3 轴需要正向回零，所以，当 gAxis 等于 3 时，将 dir 设为-1，否则跳过。

2. 关系表达式

常用的关系运算符，如表 4-1 所示，比较运算对象的大小关系并返回布尔值。

表 4-1　常用的关系运算符

运算符	功能	用法
<	小于	A<B
<=	小于等于	A<=B
>	大于	A>B
>=	大于等于	A>=B
==	相等	A==B
！=	不相等	A！=B

由于关系运算符的求值结果是布尔值，所以如果将几个关系运算符连写在一起容易发生错误。

例如：

if（i<j<k）//若 k 大于 1 则结果始终为真

if 语句的条件部分首先把 i、j 和第一个“<”运算符组合在一起，其返回的布尔值再作为第二个“<”运算符的左侧运算对象，也就是说，k 比较的对象是第一次比较得到的那个或真或假的结果。

上面的例子中 gAxis==3 表示 gAxis 和 3 相等。

3. 逻辑表达式

逻辑运算符，如表 4-2 所示，作用于任意能转换成布尔值的类型，返回值也为布尔类型，值为 0 表示假，否则表示真。

表 4-2　逻辑运算符

运算符	功能	用法
!	逻辑非	! A
&&	逻辑与	A&&B
‖	逻辑或	A ‖ B

逻辑非运算符（!）将运算对象的值取反后返回；逻辑与运算符（&&），当且仅当两个运算符对象都为真时结果为真；对于逻辑或运算符（‖），只要两个运算对象中的一个为真结果就为真。

对于逻辑与运算符来说，当且仅当左侧运算对象为真时才对右侧运算对象求值。

对于逻辑或运算符来说，当且仅当左侧运算对象为假时才对右侧运算对象求值。

```
void CDemo_GohomeDlg::axisHomeMotion(short gAxis)
{
    short sRtn;
    short dir=1;
    THomeStatus tHomeSts;
    sRtn=GT_AxisOn(gAxis);
    sRtn=GT_ZeroPos(gAxis);
    //设置回零方式
    THomePrm tHomePrm;
    sRtn=GT_GetHomePrm(gAxis,&tHomePrm);
    if(gAxis>0&&gAxis<=3)
    {
        if(gAxis==3)
        {
            dir=-1;
        }
        //设置回零参数
        tHomePrm.mode=11;//采用 Home+双限位模式
        tHomePrm.moveDir=-1*dir;//设置启动搜索原点时的运动方向为负方向
        .....
    }
}
```

if（gAxis>0 && gAxis<=3）表示当 gAxis 大于 0 并且小于等于 3 时条件成立，执行 if 语

句中的程序，当 gAxis 小于等于 0 时直接判断结果为假，不会再对逻辑与运算符（&&）右侧对象进行求值。

4. do-while 循环语句

do-while 循环语句先执行循环体，再检查条件。不管条件的值如何，都至少执行一次循环。do-while 循环语句的语法形式如下所示：

do

  循环体

while（条件）;

在 do-while 语句中，在判断条件之前先执行一次循环体，条件不能为空，如果条件的值为假，循环终止；否则，重复循环过程，条件中使用的变量必须定义在循环体之外。

```
do
{
    sRtn=GT_GetHomeStatus(gAxis,&tHomeSts);//获取回零点状态
}while(tHomeSts.run);//等待搜索原点停止
```

首先执行一次获取原点状态的指令，然后在判断是否正在回零点，如果正在回零点，则重复执行循环体中获取原点状态指令，如果已经停止运动，则结束循环。

三、指令列表

1. GT_GoHome

启动 Smart Home 回零点的指令 GT_GoHome 说明，如表 4-3 所示。

表 4-3　GT_GoHome 指令说明

指令原型	short GT_GoHome(short axis,THomePrm *pHomePrm)
指令说明	启动 Smart Home 实现各种方式回零点
指令类型	立即指令，调用后立即生效
指令参数	该指令共有 2 个参数。 axis：进行回零点的轴号。对于 4 轴卡，取值范围为［1，4］；对于 8 轴卡，取值范围为［1，8］。 pHomePrm：设置 Smart Home 回零点的参数。该参数为一结构体，详细参数定义及说明请参照结构体 THomePrm。 typedef struct { short mode；//回零点模式 short moveDir；//设置启动搜索原点时的运动方向（如果回零点运动包含搜索 Limit 则为搜索 Limit 的运动方向）：-1，负向；1，正向 short indexDir；//设置搜索 Index 的运动方向：-1，负向；1，正向。在限位+Index 回零点模式下 moveDir 与 indexDir 应该相异 short edge；//设置捕获沿：0，下降沿；1，上升沿 short triggerIndex；//默认与回零轴号一致，不需要设置

续表

<table>
<tr><td>指令参数</td><td>short pad1［3］；//保留，其中 pad1［0］表示捕获到 Home 后运动到最终位置（捕获位置 + homeOffset）所使用的速度。0 或其他值，使用 velLow（默认）；1，使用 velHigh
double velHigh；//回零点运动的高速速度（单位：pulse/ms）
double velLow；//回零点运动的低速速度（单位：pulse/ms）
double acc；//回零点运动的加速度（单位：pulse/ms^2）
double dec；//回零点运动的减速度（单位：pulse/ms^2）
short smoothTime；//回零点运动的平滑时间：取值［0，50］；单位为 ms。具体含义与 GTS 系列控制器点位运动相似
short pad2［3］；//pad2［1］表示在电动机启动回零时是否检测机械处于限位或原点位置。0 或其他值，不检测（默认）；1，检测。如果不启用检测则当机械刚好处于限位或原点位置时，将无法回零；如果启用检测则当机械处于限位或原点时，电动机会先按照 escapeStep 参数设置的回退距离进行回退，再根据具体回零模式进行回零。因此，如果启用检测功能，那么 escapeStep 的值不能为 0，否则无法执行回退动作。对于压到限位或原点的电平判断：控制器默认高电平触发，即限位或原点处于高电平状态，则控制器认为当前压在限位或原点上面，若用户的限位开关或原点开关不是此种模式接法，可以通过控制器配置里面的 Di 选择项选择限位或原点，并设置其的“输入反转”为“取反”。
long homeOffset；//最终停止的位置相对于原点的偏移量
long searchHomeDistance；//设定的搜索 Home 的搜索范围，0 表示搜索距离为 805 306 368
long searchIndexDistance；//设定的搜索 Index 的搜索范围，0 表示搜索距离为 805 306 368
long escapeStep；//采用限位回零点方式时，反向离开
long pad3［2］；//保留（不需要设置）
} THomePrm；
回零点模式宏定义：
HOME_MODE_LIMIT　(10)：限位回零点；
HOME_MODE_LIMIT_HOME　(11)：限位+Home 回零点；
HOME_MODE_LIMIT_INDEX　(12)：限位+Index 回零点；
HOME_MODE_LIMIT_HOME_INDEX　(13)：限位+Home+Index 回零点；
HOME_MODE_HOME　(20)：Home 回零点；
HOME_MODE_HOME_INDEX　(22)：Home+Index 回零点；
HOME_MODE_INDEX　(30)：Index 回零点；
HOME_MODE_FORCED_HOME　(40)：强制 Home 回零点；
HOME_MODE_FORCED_HOME_INDEX　(41)：强制 Home+Index 回零点</td></tr>
<tr><td>指令返回值</td><td>请查阅指令返回值列表</td></tr>
</table>

2. GT_GetHomePrm

读取设置到控制器回零点参数的指令 GT_GetHomePrm 说明，如表 4-4 所示。

表 4-4　GT_GetHomePrm 指令说明

指令原型	short GT_GetHomePrm(short axis,THomePrm * pHomePrm)
指令说明	读取设置到控制器的 Smart Home 回零点参数
指令类型	立即指令，调用后立即生效
指令参数	该指令共有 2 个参数。 axis：进行回零点的轴号。对于 4 轴卡，取值范围为［1，4］；对于 8 轴卡，取值范围为［1，8］。 pHomePrm：设置 Smart Home 回零点的参数。该参数为一结构体，详细参数定义及说明请参照结构体 THomePrm
指令返回值	请查阅指令返回值列表

3. GT_GetHomeStatus

获取 Smart Home 回零点的状态的指令 GT_GetHomeStatus 说明，如表 4-5 所示。

表 4-5　GT_GetHomeStatus 指令说明

指令原型	short GT_GetHomeStatus(short axis,THomeStatus * pHomeStatus)
指令说明	获取 Smart Home 回零点的状态
指令类型	立即指令，调用后立即生效
指令参数	该指令共有 2 个参数。 axis：进行回零点的轴号。对于 4 轴卡，取值范围为［1，4］；对于 8 轴卡，取值范围为［1，8］。 pHomeStatus：获取 Smart Home 回零点的状态参数，该参数为一结构体，详细参数定义及说明请参照结构体 THomeStatus。 typedef struct { short run；//是正在进行回零点。0，已停止运动；1，正在回零点 short stage；//回零点运动的阶段 short error；//回零点过程发生的错误 short pad1；//保留（无具体含义） long capturePos；//捕获到 Home 或 Index 时刻的编码器位置 long targetPos；//需要运动到的目标位置（原点位置或者原点位置+偏移量），在搜索 Limit 时或者搜索 Home 或 Index 时，设置的搜索距离为 0，那么该值显示为 805 306 368 } THomeStatus 回零点运动的阶段宏定义： HOME_STAGE_IDLE　(0)：未启动 Smart Home 回零点 HOME_STAGE_START　(1)：启动 Smart Home 回零点 HOME_STAGE_ON_HOME_LIMIT_ESCAPE　(2)：正在从原点或限位上回退 HOME_STAGE_SEARCH_LIMIT　(10)：正在寻找限位 HOME_STAGE_SEARCH_LIMIT_STOP　(11)：触发限位停止 HOME_STAGE_SEARCH_LIMIT_ESCAPE　(13)：反方向运动脱离限位

续表

指令参数	HOME_STAGE_SEARCH_LIMIT_RETURN　(15)：重新回到限位 HOME_STAGE_SEARCH_LIMIT_RETURN_STOP　(16)：重新回到限位停止 HOME_STAGE_SEARCH_HOME　(20)：正在搜索 Home HOME_STAGE_SEARCH_HOME_STOP　(22)：搜索 Home 停止 HOME_MODE_FORCED_HOME 和 HOME_MODE_FORCED_HOME_INDEX 模式下，搜索 Home 过程中遇到限位停止，准备反向搜索 HOME_STAGE_SEARCH_HOME_RETURN　(25)：搜索到 Home 后运动到捕获的 Home 位置 HOME_STAGE_SEARCH_INDEX　(30)：正在搜索 Index HOME_STAGE_GO_HOME　(80)：正在执行回零点过程 HOME_STAGE_END　(100)：回零点结束 回零点过程发生的错误宏定义： HOME_ERROR_NONE　(0)：未发生错误 HOME_ERROR_NOT_TRAP_MODE　(1)：执行 Smart Home 回零点的轴不是处于点位运动模式 HOME_ERROR_DISABLE　(2)：执行 Smart Home 回零点的轴未使能 HOME_ERROR_ALARM　(3)：执行 Smart Home 回零点的轴驱动报警 HOME_ERROR_STOP　(4)：未完成回零点，轴停止运动（例如搜索距离太短） HOME_ERROR_STAGE　(5)：回零点阶段错误 HOME_ERROR_HOME_MODE　(6)：模式错误（例如，轴已经启动 Smart Home，再重复调用回零点指令，则报错） HOME_ERROR_SET_CAPTURE_HOME　(7)：设置 Home 捕获模式失败 HOME_ERROR_NO_HOME　(8)：未找到 Home HOME_ERROR_SET_CAPTURE_INDEX　(9)：设置 Index 捕获模式失败 HOME_ERROR_NO_INDEX　(10)：未找到 Index
指令返回值	请查阅指令返回值列表

【任务实施】

一、工作分析

本任务可以通过在项目三的工作任务二的基础上，调用回零运动相关指令来完成。

任务需要分小组进行，各组协调分工，比如操作软件、编写程序、控制急停盒子、记录数据等，保证任务过程的高效性和安全性。注意：不同轴需要选择合适的回零方式，轴的回零顺序也需要根据实际确定。

二、工作步骤

步骤 1：搭建硬件平台

将运动控制卡、PC 机、端子板、驱动器、单轴模组正确连接。

步骤 2：配置驱动器和运动控制器

设置驱动器参数，对运动控制器进行配置，并保存配置文件。

步骤 3：新建 MFC 项目

1. 在 Visual Studio 中新建项目工程

打开 Visual Studio 选择“创建新项目”，从而创建 MFC 项目工程。

2. 调用库及配置文件

将工程中需要使用的动态链接库、头文件以及控制器配置文件复制到项目的源文件目录下。

3. 添加库文件

一种方法是在“项目”→“属性”→“链接器”→“输入”→“附加依赖项”中添加 gts. lib 库文件；另一种方法是，在程序中使用“#pragma comment(lib," gts. lib")”来实现。

4. 添加头文件

将代码中需要使用到的指令的头文件包含到程序中。

5. 设计界面

根据需要设计程序界面，如图 4-17 所示，并修改控件属性。

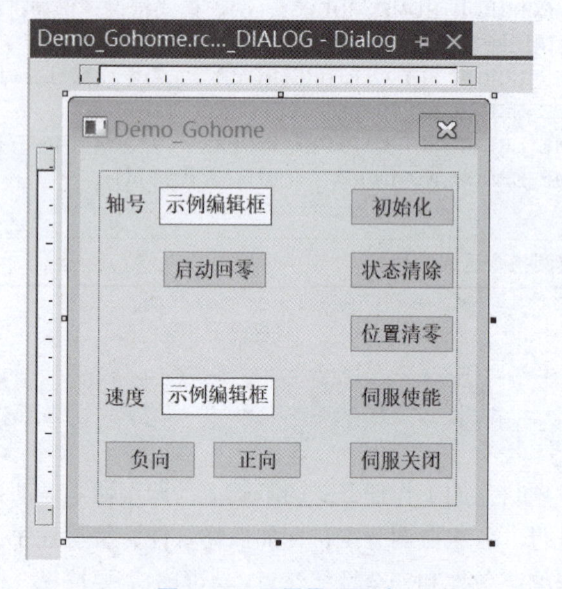

图 4-17　回零界面设计

步骤 4：编写程序

①在本任务中，初始化、状态清除、位置清零、伺服使能、伺服关闭、Jog 运动、获取轴号这些函数的实现代码都与项目三是一样的，这里不重复说明。

说明一点，回零实验中使用 Jog 运动是为了方便移动电动机轴，所以这里只开放了速度接口，其他运动参数在代码中已经设置。

②启动回零程序，修改“启动回零”按钮的处理函数名称，进入该按钮的代码编辑页面，此函数只需要调用获取轴号函数和回零函数。

```
void CDemo_GohomeDlg::GoHomeAxis()
{
//TODO:在此添加控件通知处理程序代码
short axis=GetAxis();
axisHomeMotion(axis);
}
```

③回零程序，在代码编辑页面添加一个回零函数，在此函数中实现回零运动的回零方式、回零参数设置，将此函数在与当前文件同名的 .h 头文件（Demo_GohomeDlg.h）中声明。

```
void CDemo_GohomeDlg::axisHomeMotion(short gAxis)
{
    short sRtn;//返回值变量
    short dir=1;//回零方向
    THomeStatus tHomeSts;//回零状态结构体变量
    sRtn=GT_AxisOn(gAxis);//当前轴使能
    sRtn=GT_ZeroPos(gAxis);//回零前,先把规划位置和实际位置清零,防止规划位置和实际位置
不一致造成回零不准确
    THomePrm tHomePrm;//回零参数结构体变量
    sRtn=GT_GetHomePrm(gAxis,&tHomePrm);//读取控制器中 Smart Home 回零点参数
    if(gAxis>0 && gAxis<=3)//1~3 轴时回零参数设置
    {
        if(gAxis==3)//3 轴回零时,回零方向取反
        {
            dir=-1;
        }
        //设置回零参数
        tHomePrm.mode=11;//采用 Home+双限位模式
        tHomePrm.moveDir=-1 * dir;//设置启动搜索原点时的运动方向为负方向
        tHomePrm.edge=0;//设置捕获沿
        tHomePrm.pad1[0]=0;//设置捕获到 Home 信号后运动到最终位置时使用 velLow
        tHomePrm.velHigh=30;//回零点运动的高速速度(单位:pulse/ms)
        tHomePrm.velLow=20;//回零点运动的低速速度(单位:pulse/ms)
        tHomePrm.acc=0.25;//回零点运动的加速度(单位:pulse/ms²)
        tHomePrm.dec=0.25;//回零点运动的减速度(单位:pulse/ms²)
        tHomePrm.smoothTime=25;//回零点运动的平滑时间:取值[0,50],单位为 ms
```

```
        tHomePrm.pad2[0]=1;//检测机械处于限位或原点
        tHomePrm.pad2[1]=1;//检测机械处于限位或原点
        tHomePrm.pad2[2]=1;//检测机械处于限位或原点
        tHomePrm.homeOffset=-10000 * dir;//最终停止的位置相对于原点的偏移量
        tHomePrm.searchHomeDistance=0;//设置搜索 Home 信号的搜索范围为最大范围
        tHomePrm.escapeStep=2000;//如果在限位上回退 2000 脉冲
        sRtn=GT_GoHome(gAxis,&tHomePrm);//启动回零点
    }
    if(gAxis==4)
    {
        //设置回零参数
        tHomePrm.mode=10;//采用限位回零模式
        tHomePrm.moveDir=1;//设置启动搜索原点时的运动方向为负方向
        tHomePrm.edge=0;//设置捕获沿
        tHomePrm.pad1[0]=0;//设置捕获到 Home 信号后运动到最终位置时使用 velLow
        tHomePrm.velHigh=2;//回零点运动的高速速度(单位:pulse/ms)
        tHomePrm.velLow=1;//回零点运动的低速速度(单位:pulse/ms)
        tHomePrm.acc=0.1;//回零点运动的加速度(单位:pulse/ms²)
        tHomePrm.dec=0.1;//回零点运动的减速度(单位:pulse/ms²)
        tHomePrm.smoothTime=10;//回零点运动的平滑时间:取值[0,50],单位为 ms,
        tHomePrm.pad2[0]=1;//检测机械处于限位或原点
        tHomePrm.pad2[1]=1;//检测机械处于限位或原点
        tHomePrm.pad2[2]=1;//检测机械处于限位或原点
        tHomePrm.homeOffset=-2000;//最终停止的位置相对于原点的偏移量
        tHomePrm.escapeStep=500;//如果在限位上回退 500 脉冲
        sRtn=GT_GoHome(gAxis,&tHomePrm);//启动回零点
    }
    do
    {
        sRtn=GT_GetHomeStatus(gAxis,&tHomeSts);//读取 Smart Home 运动状态
    }while(tHomeSts.run);//当回零动作结束后,结束循环
    sRtn=GT_ZeroPos(gAxis);//回零完成,Smart Home 不会自动清零位置,需要把当前位置清零来
确定零点
    sRtn=GT_ClrSts(1,4);//清除 1 到 4 轴驱动报警和限位异常
}
```

在启动回零前和回零完成后都要进行位置清零。回零前，把规划位置和实际位置清零，防止规划位置和实际位置不一致造成回零不准确。回零完成后，由于 Smart Home 不会自动位置清零，所以需要手动清零，让软件记录的零点和机械零点一致。

步骤 5：调试程序

检查代码无误后，生成解决方案，对代码进行调试，如图 4-18 所示。

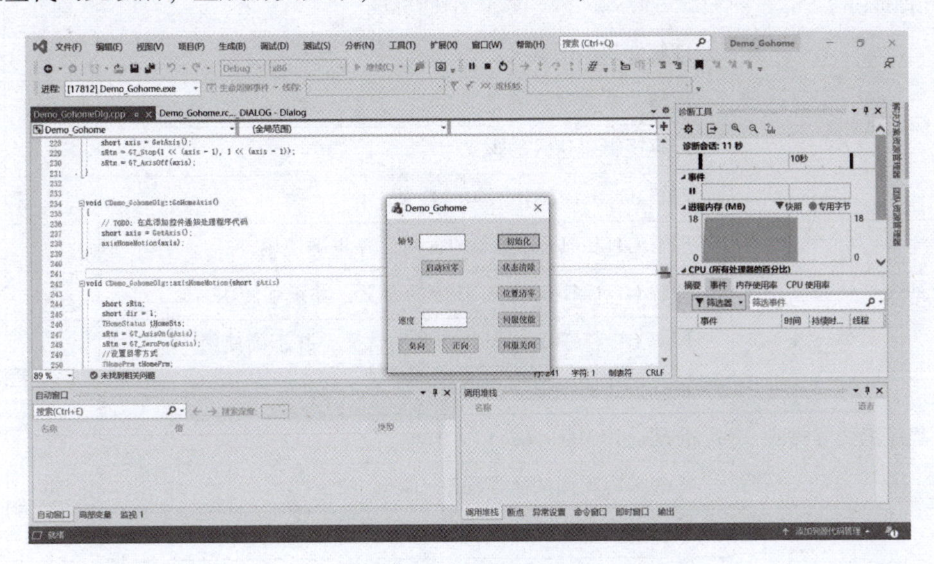

图 4-18　代码调试界面

在 XYZ 三轴模组中对 X 轴、Y 轴进行回零时，需要注意 Z 轴上的吸盘和安装板是否会和物料板发生碰撞，应在 X 轴、Y 轴回零前先进行 Z 轴回零或操作 MCT2008 将 Z 轴电动机移动到安全位置。

如果程序运行的结果不正确或者无法运行，则需要细心检查编程过程是否有遗漏，是否正确添加变量，程序代码是否正确，小组成员积极讨论、主动提出问题，培养吃苦耐劳、积极努力的人生观。

【任务评价】

评价内容	评价标准	配分	扣分
C++知识点	理解 if 语句的含义	5	
	理解关系表达式的含义	5	
	理解逻辑表达式的含义	5	
	理解 do-while 循环语句的含义	5	
指令列表	理解 GT_GoHome 指令的含义，并正确使用	5	
	理解 GT_GetHomePrm 指令的含义，并正确使用	5	
	理解 GT_GetHomeStatus 指令的含义，并正确使用	5	
回零程序编程与调试	正确搭建回零程序编程与调试所需的软硬件平台	4	
	合理设计 MFC 界面	5	
	正确编写和调试回零程序	50	
安全操作规范	未出现带电连接线缆	2	
	未出现交流 220 V 电源短路故障	2	
	未损坏线缆、零件，运行过程未发生异常碰撞	2	
成绩			
收获体会： 学生签名： 年 月 日			
教师评语： 教师签名： 年 月 日			

思考与练习

①简述回零操作的步骤。

②不同回零方式的 Home 参数有哪些区别？

③多轴回零时注意事项有哪些？

④不同回零模式的精度区别是什么？

项目五

运动控制系统应用案例（一）

项目导入

手轮是数控车床加工中心和测量中心等数控设备常用的手动操作部件，外形如图 5-1 所示。数控车床手轮可以准确、方便、快捷地控制工件进给位置，这一功能给车床操作人员带来了很多方便。本项目介绍手轮的功能和工作原理，要求熟悉运动控制器的电子齿轮功能，完成电子齿轮主从运动编程和 MFC 界面程序，同时实现手轮以不同速度控制轴进行同步运动。

图 5-1　手轮外形

学习目标

①熟识手轮的功能、工作原理和应用场合，并能正确完成硬件接线。
②能分析电子齿轮运动的程序流程，学会使用电子齿轮运动的控制指令。
③能确定手轮对刀系统的架构，设计分析手轮主从运动的程序流程。
④能分析程序判断手轮的轴选、倍率信号的原理。
⑤能编程开发手轮对刀的主从运动控制程序。

素养目标

①培养学生发展思维、创新的能力。
②培养学生自主实践的能力。
③培养学生将专业知识与工程实践相结合的能力，激发学生的职业自豪感。

工作任务一　电子齿轮主从运动编程

【任务描述】

如图 5-2 所示，在现代化的多轴机器上，可以通过电子齿轮建立主动轴与从动轴运动的齿轮比常数。本任务要求熟悉电子齿轮运动的工作原理，熟练运用电子齿轮运动的函数指令。完成电子齿轮主从运动编程，使得主轴启动 Jog 运动时，从轴能跟随主轴运动，主从轴的速度比例为 1∶1。

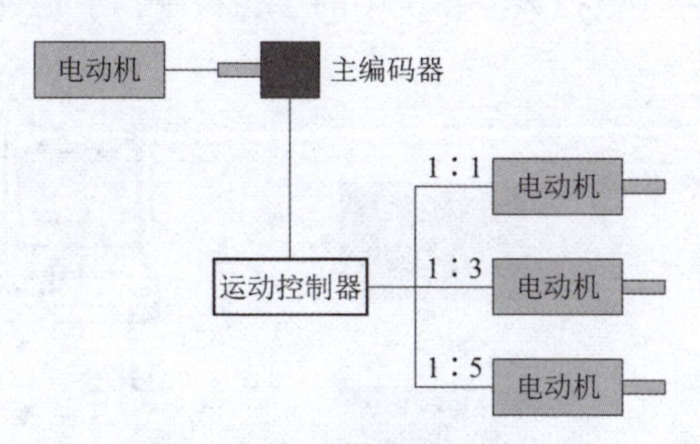

图 5-2　电子齿轮模式示意

【相关知识】

一、手轮的功能与工作原理

1. 手轮的功能

如图 5-3 所示，常见的机床用手轮面板上包含轴选开关、倍率开关和方向旋钮。其中轴选开关包含 X 轴、Y 轴、Z 轴和 OFF 挡，平时不用时应选择 OFF 挡，有的电子手轮还提供第 4 轴和第 5 轴的选择；倍率开关包含×1、×10 和×100，共 3 个挡位，对应数控机床的坐标轴每一步进给 0.001 mm、0.01 mm 和 0.1 mm，平时不用时应选择×1 倍率挡；方向旋钮提供了坐标轴正、负方向进给脉冲信号的输出，旋钮上的每一格代表对应倍率下进给的距离，顺时针操作为正方向进给，逆时针操作为负方向进给。

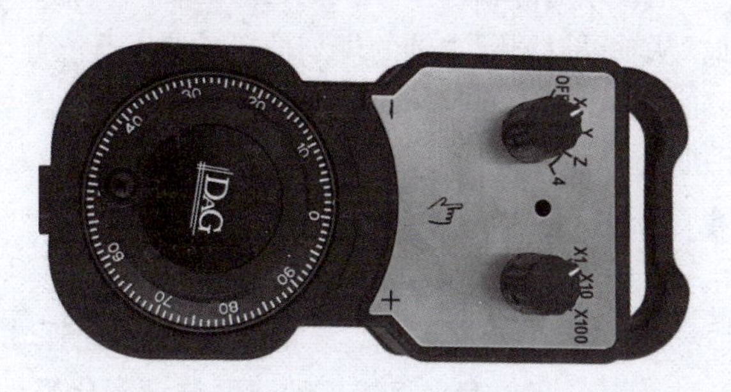

图 5-3　手轮旋钮控件

2. 手轮的工作原理

数控机床电子手轮（Manual Pulse Generator，MPG），又称为手摇脉冲发生器，简称“手轮”或“手脉”。它是通过手摇脉冲编码器所产生的脉冲信号来控制机床各伺服轴的运动，脉冲的频率和脉冲个数分别控制轴运动的速度和位移。

电子手轮的本质为一增量脉冲编码器，其内部有一编码盘。当拨动方向旋钮时，旋钮每转过一格，则编码器输出一个脉冲信号。为了分辨方向旋钮是顺时针转动还是逆时针转动，即坐标轴是往正方向进给还是往负方向进给，码盘输出的是两个相位上相差 90°的脉冲信号，数控系统接收到该信号后根据硬件辨向电路或软件算法来识别方向旋钮的旋转方向。本书中利用运动控制器编写程序模拟数控系统中的手轮控制，手轮对刀的运动控制系统原理如图 5-4 所示。

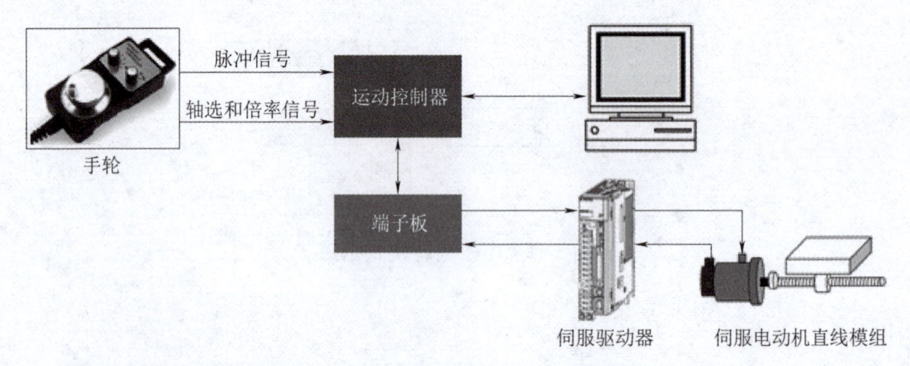

图 5-4　手轮对刀的控制系统原理图

二、电子齿轮运动

1. 特点

匹配电动机发出的脉冲数与机械最小移动量，可将输入指令 1 个脉冲的工件（或电动机）移动量设定为任意值；可实现电动机的无极变速，在电动机启动和停止时，可防止失步和过冲现象，这样就能充分发挥电动机的潜能。传递同步运动信息，实现坐标的联动、运动形式之间的变换（旋转—旋转，旋转—直线，直线—直线）、简化控制等。

在电子齿轮运动中，把被跟随的轴叫主轴，把跟随的轴叫从轴。电子齿轮模式下，1 个主轴能够驱动多个从轴，从轴可以跟随主轴的规划位置、编码器位置。电子齿轮比只能改变速比，并不具备机械齿轮的速比变化同时转矩变化的特点，所以在需要将电动机输出转矩进行低速放大时还要使用机械齿轮才可以。

2. 运动控制器的电子齿轮（Gear）

GTS-800-PV-PCIe 运动控制器的电子齿轮模式速度曲线如图 5-5 所示。主轴做匀速运动，从轴为电子齿轮运动模式。在离合区 1，从轴速度从 0 逐渐增大，直到传动比达到 4：3。当改变传动比至 2：1 时，在离合区 2，从轴速度逐渐变化直到满足新的传动比。离合区越大，从轴传动比的变化过程越平稳。当主轴速度变化时，从轴速度也随着变化，保持固定的传动比。

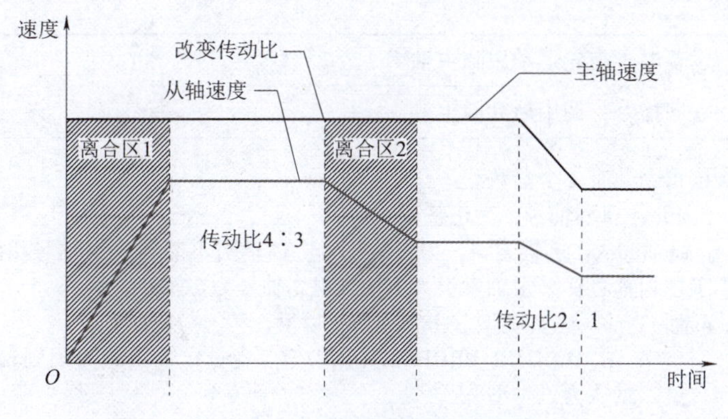

图 5-5　电子齿轮模式速度曲线

因此，电子齿轮运动主要设置以下两个功能。

①传动比：主轴速度与从轴速度的比例。电子齿轮模式能够灵活地设置传动比，节省机械系统的安装时间。当主轴速度变化时，从轴会根据设定好的传动比自动改变速度。电子齿轮模式也能够在运动过程中修改传动比。

②离合区：当改变传动比时，可以设置离合区，实现平滑变速，如图 5-5 所示，阴影区域为离合区。离合区位移是指从轴平滑变速过程中主轴运动的位移。注意不要计算成从轴变速时走过的位移。

三、指令列表

1. GT_PrfGear 指令

设置指定轴为电子齿轮运动模式的指令 GT_PrfGear 说明，如表 5-1 所示。

表 5-1　GT_PrfGear 指令说明

指令原型	short GT_PrfGear(short profile,short dir)
指令说明	设置指定轴为电子齿轮运动模式
指令类型	立即指令，调用后立即生效
指令参数	该指令共有 2 个参数。 profile：规划轴号，为正整数。 dir：设置跟随方式。0 表示双向跟随，1 表示正向跟随，-1 表示负向跟随
指令返回值	请查阅指令返回值列表

2. GT_SetGearMaster 指令

设置电子齿轮运动跟随主轴的指令 GT_SetGearMaster 说明，如表 5-2 所示。

表 5-2　GT_SetGearMaster 指令说明

指令原型	short GT_SetGearMaster(short profile, short masterIndex, short masterType, short masterItem)

续表

指令说明	设置电子齿轮运动跟随主轴
指令类型	立即指令，调用后立即生效
指令参数	该指令共有4个参数。 profile：规划轴号，为正整数。 masterIndex：主轴索引，为正整数。主轴索引不能与规划轴号相同，最好主轴索引小于规划轴号，如主轴索引为1轴，规划轴号为2轴。 masterType：主轴类型。主轴类型有以下3种，分别是： GEAR_MASTER_PROFILE（该宏定义为2）表示跟随规划轴（profile）的输出值。默认为该类型。 GEAR_MASTER_ENCODER（该宏定义为1）表示跟随编码器（encoder）的输出值。 GEAR_MASTER_AXIS（该宏定义为3）表示跟随轴（axis）的输出值。 masterItem：轴类型，当masterType=GEAR_MASTER_AXIS时起作用。 0表示axis的规划位置输出值。默认为该值。 1表示axis的编码器位置输出值
指令返回值	请查阅指令返回值列表

3. GT_SetGearRatio 指令

设置电子齿轮比的指令 GT_SetGearRatio 说明，如表5-3所示。

表5-3　GT_SetGearRatio 指令说明

指令原型	short GT_SetGearRatio(short profile,long masterEven,long slaveEven,long masterSlope)
指令说明	设置电子齿轮比
指令类型	立即指令，调用后立即生效
指令参数	该指令共有4个参数。 profile：规划轴号，为正整数。 masterEven：传动比系数，主轴位移，单位为pulse。 slaveEven：传动比系数，从轴位移，单位为pulse。 masterSlope：主轴离合区位移，单位为pulse，取值范围：不能小于0或者等于1
指令返回值	请查阅指令返回值列表

4. GT_GearStart 指令

启动电子齿轮运动的指令 GT_GearStart 说明，如表5-4所示。

表5-4　GT_GearStart 指令说明

指令原型	short GT_GearStart(long mask)
指令说明	启动电子齿轮运动
指令类型	立即指令，调用后立即生效

续表

<table>
<tr><td>指令参数</td><td>该指令有 1 个参数。
mask：按位指示需要启动点位运动或 Jog 运动的轴号。当 bit 位为 1 时表示启动对应的轴。
对于 4 轴控制器：
<table>
<tr><td>bit</td><td>3</td><td>2</td><td>1</td><td>0</td></tr>
<tr><td>对应轴</td><td>4 轴</td><td>3 轴</td><td>2 轴</td><td>1 轴</td></tr>
</table>
对于 8 轴控制器：
<table>
<tr><td>bit</td><td>7</td><td>6</td><td>5</td><td>4</td><td>3</td><td>2</td><td>1</td><td>0</td></tr>
<tr><td>对应轴</td><td>8 轴</td><td>7 轴</td><td>6 轴</td><td>5 轴</td><td>4 轴</td><td>3 轴</td><td>2 轴</td><td>1 轴</td></tr>
</table>
</td></tr>
<tr><td>指令返回值</td><td>请查阅指令返回值列表</td></tr>
</table>

【任务实施】

一、工作分析

电子齿轮简单来说就是用电气控制技术来代替机械传动机构。一般来说，电动机与驱动机构是直连的，机械结构固定后，传动比也就固定了。利用电子齿轮可以增加传动系统的柔性，减少传动元件数量和传动链长度，还可以实现小数传动比，这样就提高了传动精度。本任务需要调用 Gear 运动相关指令来完成所需的轨迹规划。

任务需要分小组进行，各组协调分工，比如操作软件、编写程序、控制急停盒子、记录数据等，保证任务过程的高效性和安全性。

二、工作步骤

步骤 1：搭建硬件平台

将运动控制卡、PC 机、端子板、驱动器、XY 模组正确连接。

步骤 2：新建基于控制台程序的 VS 项目

①启动 Visual Studio，单击界面上的“创建新项目（N）”创建新项目。在创建项目后弹出创建新项目界面，选择“控制台应用”选项，单击“下一步”按钮。

②在创建控制台程序后弹出配置新项目界面，在“项目名称（N）”下面输入项目的名称“Gear”，在“位置（L）”下面选择项目存放的位置，然后单击“创建”按钮。

③添加动态链接库文件（.dll）、静态链接库文件（.lib）和头文件（.h）到项目文件。

Gear 项目创建后，Visual Studio 自动在指定位置生成许多文件。将运动控制器配套光盘 .dll 文件夹中的动态链接库、头文件和 .lib 文件复制到工程文件夹中。

注意所创建的程序是 32 位，应选择正确版本的文件。同时将控制器配置文件 GTS800.cfg 也复制到工程文件夹。

④在程序中添加头文件。

在 Gear 项目中“头文件”上单击右键，选择“添加”→“现有项”。找到项目文件夹中的 gts. h，然后单击“添加”命令。

⑤在程序中添加头文件和静态链接库文件的声明。

在应用程序中加入函数库头文件的声明，例如：#include"gts. h"。同时，在应用程序中添加包含静态链接库文件的声明，如：#pragma comment(lib,"gts. lib")。至此，运动控制器函数库的调用完成。

步骤 3：编写程序

打开 Gear 项目中源文件下的点位 Gear. cpp 文件，将 Gear. cpp 修改成如下的电子齿轮运动程序。

```
#include<iostream>                    //C++标准的输入/输出头文件
#include"conio.h"                     //控制台输入/输出的头文件
#include"gts.h"                       //运动控制卡函数库头文件的声明
#pragma comment(lib,"gts.lib")        //静态链接文件的声明

#define MASTER  1                     //宏定义主轴轴号
#define SLAVE  2                      //宏定义从轴轴号

int main()
{
    short sRtn;//定义返回值,用以检测指令是否正常进行
    TJogPrm jog;//声明 Jog 运动参数,该参数为一个结构体
    double prfVel[8];//声明一个数组,用来存放各轴的规划速度信息

    sRtn=GT_Open();//打开运动控制器
    sRtn=GT_Reset();//复位运动控制器
    sRtn=GT_LoadConfig("GTS800.cfg");//加载运动控制器配置文件
    sRtn=GT_ClrSts(1,2);  //清除 1、2 轴的报警和限位
    sRtn=GT_AxisOn(MASTER);//主轴伺服使能
    sRtn=GT_AxisOn(SLAVE);//从轴伺服使能
    sRtn=GT_ZeroPos(MASTER);//主轴位置清零
    sRtn=GT_ZeroPos(SLAVE);//从轴位置清零
    sRtn=GT_PrfJog(MASTER);//将主轴设为 Jog 模式

    //设置主轴 Jog 运动参数
    sRtn=GT_GetJogPrm(MASTER,&jog);
    jog.acc=0.5;
    jog.dec=0.5;
```

```
    sRtn=GT_SetJogPrm(MASTER,&jog);
    sRtn=GT_SetVel(MASTER,-20);

    sRtn=GT_Update(1<<(MASTER-1));//启动主轴 Jog 运动
    sRtn=GT_PrfGear(SLAVE);//将从轴设为 Gear 模式
    sRtn=GT_SetGearMaster(SLAVE,MASTER);//设置主轴,默认跟随主轴规划位置
    sRtn=GT_SetGearRatio(SLAVE,1,1,0);//设置轴的传动比和离合区
    sRtn=GT_GearStart(1<<(SLAVE-1));//启动从轴电子齿轮运动

    //检查当前是否有键盘输入,有键盘输入时,跳出 while 循环
    while(! _kbhit())
    {
        //查询各轴的规划速度
        sRtn=GT_GetPrfVel(1,prfVel,8);
        //将主、从轴的规划速度值输出至屏幕
        printf("master vel=%-10.2lf\tslave vel=%-10.2lf\r",prfVel[MASTER-1],
        prfVel[SLAVE-1]);
    }
    //伺服关闭
    sRtn=GT_AxisOff(MASTER);
    sRtn=GT_AxisOff(SLAVE);
}
```

步骤 4：调试程序

确认将要进行运动的主轴目前所处的位置，修正程序“sRtn=GT_SetVel(MASTER,-20);”这一行中的速度设定值，确保轴运动后不会发生碰撞。

选择“调试”→“开始执行（不调试）”命令生成并运行程序，主轴开始 Jog 运动，从轴跟随主轴运动，弹出控制台程序输入主、从轴的规划速度比例为 1∶1，如图 5-6 所示。

图 5-6　电子齿轮运动调试控制台输出界面

如果程序运行的结果不正确或者无法运行，则需要细心检查编程过程是否有遗漏，是否正确添加变量，程序代码是否正确，勤加练习，培养自主实践的能力。

【任务评价】

评价内容	评价标准	配分	扣分
手轮	熟悉手轮的功能与工作原理	2	
电子齿轮	掌握电子齿轮的工作原理	5	
指令列表	理解 GT_PrfGear 指令的含义，并正确使用	2	
	理解 GT_SetGearMaster 指令的含义，并正确使用	10	
	理解 GT_SetGearRatio 指令的含义，并正确使用	10	
	理解 GT_GearStart 指令的含义，并正确使用	10	
电子齿轮程序编程与调试	正确搭建电子齿轮程序编程与调试所需的软硬件平台	5	
	正确编写和调试电子齿轮程序	50	
安全操作规范	未出现带电连接线缆	2	
	未出现交流 220 V 电源短路故障	2	
	未损坏线缆、零件，运行过程未发生异常碰撞	2	
成绩			
收获体会： 学生签名：　　年　　月　　日			
教师评语： 教师签名：　　年　　月　　日			

工作任务二　手轮对刀的运动控制

【任务描述】

本任务要求实现手轮对刀过程中轴跟随手轮的主从运动控制程序，如图 5-7 所示，要求具备主、从轴的位移脉冲数显示的功能。

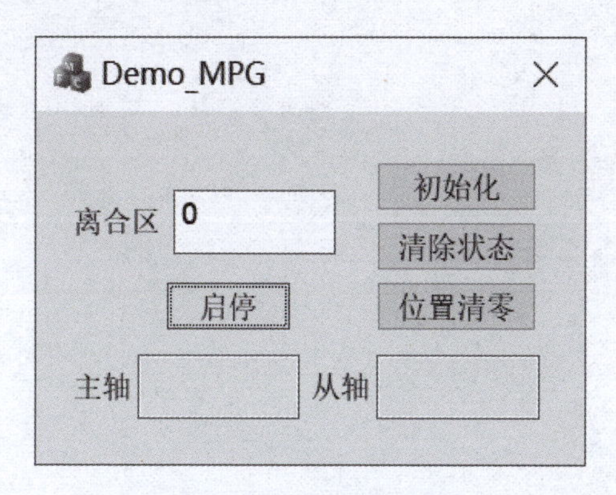

图 5-7　手轮控制界面

【相关知识】

C++知识点

1. switch 语句

switch 的作用是进行判断选择，常和 case、break、default 一起使用，来控制程序流转。其语法形式如下：

```
switch（表达式）
{
case 常量 1：语句；break；
case 常量 2：语句；break；
…
case 常量 n：语句；break；
default：语句；break；
}
```

（1）表达式

表达式是要和不同常量比较的值，该表达式的类型决定了 switch 的主导类型。其允许的主导类型包括 bool、short、int、long、char、cstring 等。

（2）语句

当表达式的值与其中一个 case 语句中的常量相等时，就执行此 case 语句后面的语句，并依次下去执行后面所有 case 语句中的语句，直到遇到 break 语句跳出 switch 语句为止。如果变量表达式的值与所有 case 语句的常量都不相符，就执行 default 语句中的语句。

如下为利用 switch 语句判断手轮的轴选 I/O，当 switch 语句中表达式的值为 0x0e 时，表示选中 1 轴，停止 2 轴的运动；当表达式的值为 0x0d 时，表示选中 2 轴，停止 1 轴的运动。

```
switch(diValue & 0x0f) //获取轴号
{
case 0x0e: //0000 1110:14
    slaveAxis=1; //选中 1 轴
    sRtn=GT_Stop(1<<(2-1),0); //将 2 轴停止运动
    break; //结束语句段,跳出 switch 语句
case 0x0d: //0000 1101:13
    slaveAxis=2; //选中 2 轴
    sRtn=GT_Stop((1<<(1-1)),0); //将 1 轴停止运动
    break; //结束语句段,跳出 switch 语句
default: //将 1、2 轴伺服关闭
    sRtn=GT_AxisOff(1);
    sRtn=GT_AxisOff(2);
}
```

上述 switch 语句中 diValue 的值是读取的手轮轴选和倍率的 DI 信号，手轮有四轴和三挡倍率，所以 diValue 值需要七位二进制数表示，如表 5-5 所示。当手轮的轴选为 1 轴，倍率为×1 时，diValue 值为 1101110（二进制）。只取轴选时，将 diValue 和 0x0f（0000 1111）进行按位与运算，则只保留低四位有效，即得到 0x0e（0000 1110），此时程序执行“case 0x0e:”后面的语句，选中 X 轴。

表 5-5　1 轴的 diValue 值

DI 信号	×100	×10	×1	4 轴	Z 轴	Y 轴	X 轴
状态	1	1	0	1	1	1	0

2. while 循环

当不确定到底要迭代多少次时，使用 while 循环语句比较合适，只要条件为真，while 语句就重复地执行循环体，它的语法形式是：

while（条件表达式）

　　循环体

在 while 结构中，只要条件表达式的求值结果为真就一直执行循环体内容。条件表达式不能为空，如果条件表达式第一次求值就为假，则循环体一次都不执行。

while 的条件部分可以是一个表达式或者是一个带初始化的变量声明，一般来说，应该由条件本身或者循环体设法改变表达式的值，否则循环可能无法终止。

以下为利用 while 循环判断是否启动手轮控制轴运动跟随功能。while（flag）中 flag 为

布尔型变量，即当flag值为TRUE时，重复执行循环体，当flag值为FALSE时，不执行循环体。

```
void CDemoMPGDlg::mpgGetPosDi()
{  //读取编码器位置以及手轮轴选和倍率
   short sRtn;//返回值变量
   long DiValue;//轴选和倍率 I/O 变量

   while(flag)//当条件为真时,执行循环体
   {
      sRtn=GT_GetDi(MC_MPG,&DiValue);//轴选和倍率
      mpgSelectAxis(DiValue);//调用判断轴选和倍率函数
   .....
   }
}
```

3. *函数声明和函数调用*

（1）函数声明

函数声明是将特定的程序功能划分为不同的函数块，以便为程序提供更好的结构。在调用函数前必须先声明和定义函数，函数只能定义一次，但是可以声明多次。

函数声明由以下三要素组成：

①函数名：需要清楚描述函数的作用。

②形参：函数可以获取任意数量的形参，每个形参都具有特定的数据类型。

③返回值类型：函数可以无返回值。

以下定义了一个电子齿轮运动的函数，在 Visual Studio 项目里函数声明写在 Demo_MPGDlg. h 头文件中，定义写在 Demo_MPGDlg. cpp 源文件中。

```
void CDemoMPGDlg::mpgGearMotion(short SlaveAxis,long SlaveEvn);//函数声明
```

```
void CDemoMPGDlg::mpgGearMotion(short SlaveAxis,long SlaveEvn)
{//函数定义
    //从轴运动控制程序
    short sRtn;//返回值变量
    long masterEvn=1;//主轴传动比系数
    double slaPos;//从轴位置变量
    CString strVal;//CString 类型字符串变量
    sRtn=GT_PrfGear(SlaveAxis);//设置从轴运动模式为电子齿轮模式
    sRtn=GT_SetGearMaster(SlaveAxis,masterAxis,GEAR_MASTER_ENCODER);//设置从
轴跟随主轴编码器
    sRtn=GT_SetGearRatio(SlaveAxis,masterEvn,SlaveEvn,slope);//设置从轴的传动
比和离合区
```

```
    sRtn=GT_GearStart(1<<(SlaveAxis-1));//启动从轴
    UpdateWindow();//更新窗口
}
```

（2）函数调用

函数调用由函数名称和实参列表两部分构成。

①函数名称之后的圆括号中是实参的列表，每个实参以逗号隔开；

②调用者为形参提供的值称为实参，每个实参都要和一个形参对应。

执行函数调用时，主调函数的执行被暂时中断，被调函数开始执行。当调用 mpgGearMotion（slaveAxis，slaveEvn）函数时，程序从主调函数进入 void mpgGearMotion（short SlaveAxis，long SlaveEvn）函数中，直到被调函数执行完成，程序进程重新回到主调函数中。

```
mpgGearMotion(slaveAxis,slaveEvn);//调用执行动作函数
```

4. 函数参数和按值传递

函数的参数分为形参和实参，函数定义时圆括号中为形参，函数调用时圆括号内为实参，实参是形参的初始值。第一个实参初始化第一个形参，第二个实参初始化第二个形参，以此类推。

实参的类型必须与对应的形参类型匹配，并且函数有几个形参，就必须提供相同数量的实参，因为函数的调用规定实参数量应与形参数量一致，所以形参一定会被初始化。

函数的形参列表可以为空，但是不能省略，如果要定义一个不带形参的函数，最常用的办法是书写一个空的形参列表。

void f1( );

void f1(void);

形参列表中的形参通常用逗号隔开，其中每个形参都是含有一个声明符的声明，即使两个形参的类型一样，也必须把两个类型都写出来。

int f3(int v1,v2);//错误

int f4(int v1,int v2);//正确

当实参的值被复制给形参时，形参和实参是两个相互独立的对象，或者说这样的实参被值传递。

```
void CDemoMPGDlg::mpgGearMotion(short SlaveAxis,long SlaveEvn)
{//从轴运动控制程序
    short sRtn;//返回值变量
    long masterEvn=1;//主轴传动比系数
    double slaPos;//从轴位置变量
    CString strVal;//CString 类型字符串变量
    sRtn=GT_PrfGear(SlaveAxis);//设置从轴运动模式为电子齿轮模式
```

```
        sRtn=GT_SetGearMaster(SlaveAxis,masterAxis,GEAR_MASTER_ENCODER);//设置从
轴跟随主轴编码器
        sRtn=GT_SetGearRatio(SlaveAxis,masterEvn,SlaveEvn,slope);//设置从轴的传动
比和离合区
        sRtn=GT_GearStart(1<<(SlaveAxis-1));//启动从轴

        sRtn=GT_GetEncPos(SlaveAxis,&slaPos,1);//读取从轴编码器的位置
        strVal.Format(_T("%f"),slaPos);//格式转换,将 slaPos 变量从 short 类型转换为
CString 类型
        SetDlgItemText(IDC_Sla_Pos,strVal);//将 strVal 变量值用 ID 为 IDC_Sla_Pos 的
Edit Control 控件显示
        UpdateWindow();//更新窗口
    }
```

在这段代码中，void CDemoMPGDlg::mpgGearMotion(short SlaveAxis,long SlaveEvn)中SlaveAxis 和 SlaveEvn 便是形参，当调用这个函数时，如

```
    if(slaveAxis)//当从轴轴号不为 0 时执行 if 语句
    {
        sRtn=GT_AxisOn(slaveAxis);//使能选中轴
        mpgGearMotion(slaveAxis,slaveEvn);//调用从轴运动控制程序
    }
```

mpgGearMotion(slaveAxis,slaveEvn)中的 slaveAxis 和 slaveEvn 是实参，在调用的过程中只是将 slaveAxis 和 slaveEvn 的数值分别复制给 SlaveAxis 和 SlaveEvn，在 mpgGearMotion(short SlaveAxis,long SlaveEvn)函数内部修改 SlaveAxis 和 SlaveEvn 的值并不会影响 slaveAxis 和 slaveEvn 的值。

【任务实施】

一、工作分析

数控车床对刀是机床加工中不可或缺的一环，它是保证机床加工精度的重要环节。对刀的目的是确定刀具和工件之间的相对位置，使刀具能够准确地加工出所需的零件形状和尺寸。在对刀过程中经常会用到手轮，通过手轮选择不同的轴跟随手轮运动，同时可以选择以不同的速度比例跟随，最终实现对刀。本任务需要在任务一的基础上调用数据读取指令，并进行格式转换，来完成最终数据显示。

任务需要分小组进行，各组协调分工，比如操作软件、编写程序、控制急停盒子、记录数据等，保证任务过程的高效性和安全性。

二、工作步骤

步骤 1：搭建硬件平台

将运动控制卡、PC 机、端子板、驱动器、XYZ 模组正确连接。

步骤 2：配置驱动器和运动控制器

设置驱动器参数，对运动控制器进行配置，并保存配置文件。

步骤 3：新建 MFC 项目

1. 在 Visual Studio 中新建项目工程

在 Visual Studio 中新建项目工程，项目名称为 MPG。

2. 调用库及配置文件

将工程中需要使用的动态链接库、头文件以及控制器配置文件复制到项目的源文件目录下。

3. 添加库文件

一种方法是，单击“项目”→“属性”→“链接器”→“输入”→“附加依赖项”，添加 gts. lib 库文件；另一种方法是，在程序中使用#pragma comment(lib,"gts. lib")来实现。

4. 添加头文件

将代码中需要使用到的指令的头文件包含到程序中。

5. 设计界面

根据需要设计程序界面，如图 5-8 所示，并修改控件属性。

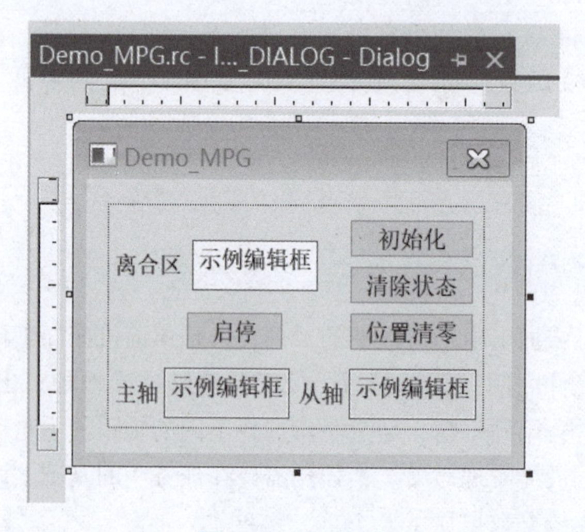

图 5-8　界面设计

步骤 4：编写程序

①在 Demo_MPGDlg. cpp 文件中对手轮轴号进行宏定义。

手轮外接在端子板上，轴号是固定的。宏定义是编译器对程序做的预处理，在 C 语言

中是简单的文本搜索和替换，所以宏定义内容是写在包含头文件之后、函数之前的。同时，定义一个 BOOL 类型的全局变量，作为判断手轮功能启动和停止的标志位，初始化为 FALSE 状态，默认手轮功能是关闭状态。

```
#define  masterAxis  11//宏定义手轮轴号作为主轴
BOOL flag=FALSE;//定义全局变量,作为判断手轮启动和停止的标志位
```

②手轮实验中，电动机轴伺服使能、伺服关闭通过手轮的拨挡控制，所以不用通过按钮去实现使能和关闭功能。这里只需要“初始化”“状态清除”和“位置清零”三个按钮。

初始化、状态清除的程序参考项目三完成。需要注意，在进行位置清零之前需要先将电动机轴停止运动。本实验中，停止旋转手轮时，电动机轴只是速度为零，并没有调用停止运动指令，所以在进行位置清零前需要先调用停止运动指令。

位置清零按钮代码如下：

```
void CDemoMPGDlg::OnBnClickedButtonZeroPos()
{
    //TODO:在此添加控件通知处理程序代码
    short sRtn;//返回值变量
    sRtn=GT_Stop(0x0f,0x0f);//位置清零之前,电动机轴需要先停止运动,将1~4轴全部停止
    sRtn=GT_ZeroPos(1,4);//将1~4轴位置清零
}
```

③读取编码器位置以及手轮轴选和倍率。在 Demo_MPGDlg. cpp 文件中定义获取手轮编码器、轴选和倍率的函数，并在 Demo_MPGDlg. h 头文件中进行声明。该函数主要实现两个功能：一是读取手轮编码器脉冲位置，并将其显示在界面上；二是读取手轮轴选和倍率的 DI 信号，根据读取的 DI 数据，调用判断轴号和倍率函数。

```
void CDemoMPGDlg::mpgGetPosDi()
{ //读取编码器位置以及手轮轴选和倍率
   short sRtn;//返回值变量
   double mpgPos;//手轮编码器位置变量
   long DiValue;//轴选和倍率 I/O 变量
   CString strVal;//CString 类型字符串变量
   while(flag)//当条件为真时,执行循环体
   {
       sRtn=GT_GetEncPos(11,&mpgPos,1);//读取辅助编码器的位置
       strVal.Format(_T("%f"),mpgPos);//将读取到的编码器数值从 double 类型转换为
CString 类型
       SetDlgItemText(IDC_Mas_Pos,strVal);//将 strVal 变量的值用 ID 为 IDC_Mas_Pos 的
Edit Control 控件显示
       sRtn=GT_GetDi(MC_MPG,&DiValue);//轴选和倍率
       mpgSelectAxis(DiValue);//调用判断轴选和倍率函数
```

```
        sRtn=GT_ClrSts(1,4);//清除 1~4 轴异常报警,这里是清除限位触发标志
        MSG msg;//MSG 是 Windows 程序中的结构体。在 Windows 程序中,消息是由 MSG 结构体来表示的
        if(PeekMessage(&msg,(HWND)NULL,0,0,PM_REMOVE))
        {
            ::SendMessage(msg.hwnd,msg.message,msg.wParam,msg.lParam);
        }
    }
}
```

“sRtn=GT_ClrSts(1,4);”是为了电动机轴触发限位信号后清除限位触发标志的。

在单线程程序中，当 while 循环无法自动改变循环条件时，程序会陷入死循环，此时界面便无法操作，为了解决这个问题，通过如下代码可不断检测窗口消息，向窗口发送消息，并且 PeekMessage 处理后，消息从队列里清除掉。

```
MSG msg;//MSG 是 Windows 程序中的结构体。在 Windows 程序中,消息是由 MSG 结构体来表示的
if (PeekMessage(&msg, (HWND)NULL, 0, 0, PM_REMOVE))
{
    ::SendMessage(msg.hwnd, msg.message, msg.wParam, msg.lParam);
}
```

④轴号选择以及倍率变换函数。在 Demo_MPGDlg.cpp 源文件中定义 void CDemo_MPGDlg::mpgSelectAxis(long lGpiValue)函数，在此函数中通过传入手轮轴号以及倍率的值选择相应的电动机轴作为从动轴、设置从动轴比例，同时在切换当前从轴时关闭上一次选中的轴号；同样该函数需要在 Demo_MPGDlg.h 头文件中进行声明。

```
void CDemoMPGDlg::mpgSelectAxis(long diValue)
{//判断轴选和倍率
    short sRtn;//返回值变量
    short slaveAxis=0;//从轴轴号
    long slaveEvn=1;//从轴传动比系数,必须初始化,否则切换倍率时会中断
    switch(diValue & 0x0f)//获取轴号
    {
    case 0x0e://0000 1110:14
        slaveAxis=1;//选中 1 轴
        sRtn=GT_Stop(1<<(2-1),1<<(2-1));//将 2 轴停止运动
        break;//结束语句段,跳出 switch 语句
    case 0x0d://0000 1101:13
        slaveAxis=2;//选中 2 轴
```

```
        sRtn=GT_Stop((1<<(1-1))|(1<<(3-1)),(1<<(1-1))|(1<<(3-1)));//将1、3轴停止
运动
        break;//结束语句段,跳出switch语句
    case 0x0b://0000 1011:11
        slaveAxis=3;//选中3轴
        sRtn=GT_Stop((1<<(2-1))|(1<<(4-1)),(1<<(2-1))|(1<<(4-1)));//将2、4轴停止
运动
        break;//结束语句段,跳出switch语句
    case 0x07://0000 0111:7
        slaveAxis=4;//选中4轴
        sRtn=GT_Stop(1<<(3-1),1<<(3-1));//将3轴停止运动
        break;//结束语句段,跳出switch语句
    default://将1到4轴伺服关闭
        sRtn=GT_AxisOff(1);
        sRtn=GT_AxisOff(2);
        sRtn=GT_AxisOff(3);
        sRtn=GT_AxisOff(4);
    }
    switch(diValue & 0x70)//获取倍率
    {
    case 0x60:slaveEvn=1;break;//110 0000:96,从轴传动比系数设为1
    case 0x50:slaveEvn=10;break;//101 0000:80,从轴传动比系数设为10
    case 0x30:slaveEvn=100;break;//011 0000:48,从轴传动比系数设为100
    }
    if(slaveAxis)//当从轴轴号不为0时执行if语句
    {
        sRtn=GT_AxisOn(slaveAxis);//使能选中轴
        mpgGearMotion(slaveAxis,slaveEvn);//调用从轴运动控制程序
    }
}
```

将读到的DI信号做处理，分别得到轴选和倍率，然后依次判断选中的轴号和倍率。

将diValue和0x0f(0000 1111)进行按位与运算，则只保留低四位有效，将diValue和0x70(0111 0000)进行按位与运算，得到5~7位的数据，根据这个设置倍率。

⑤从轴运动程序。在Demo_MPGDlg.cpp源文件中，添加void CDemoMPGDlg::mpgGearMotion(short SlaveAxis,long SlaveEvn)函数，实现从轴运动模式、跟随方式、传动比和离合区设置等操作，其中离合区参数从界面获取，将从轴编码器脉冲位置显示在界面上。同样需要在Demo_MPGDlg.h头文件中进行声明。

```
void CDemoMPGDlg::mpgGearMotion(short SlaveAxis,long SlaveEvn)
{//从轴运动控制程序
    short sRtn;//返回值变量
    long masterEvn=1;//主轴传动比系数
    double slaPos;//从轴位置变量
    CString strVal;//CString 类型字符串变量
    sRtn=GT_PrfGear(SlaveAxis);//设置从轴运动模式为电子齿轮模式
    sRtn=GT_SetGearMaster(SlaveAxis,masterAxis,GEAR_MASTER_ENCODER);//设置从轴跟
随主轴编码器
    sRtn=GT_SetGearRatio(SlaveAxis,masterEvn,SlaveEvn,slope);//设置从轴的传动比和
离合区
    sRtn=GT_GearStart(1<<(SlaveAxis-1));//启动从轴

    sRtn=GT_GetEncPos(SlaveAxis,&slaPos,1);//读取从轴编码器的位置
    strVal.Format(_T("% f"),slaPos);//格式转换,将 slaPos 变量从 short 类型转换为
CString 类型
    SetDlgItemText(IDC_Sla_Pos,strVal);//将 strVal 变量值用 ID 为 IDC_Sla_Pos 的 Edit
Control 控件显示
    UpdateWindow();//更新窗口
}
```

⑥启停按钮程序。因为默认情况下，手轮启动和停止的标志位变量是 FALSE 状态，单击按钮，启动手轮功能，标志位变为 TRUE 状态，同时调用读取手轮编码器和 DI 信号的函数；再单击一次按钮，标志位再变为 FALSE 状态，同时将所有电动机轴停止运动，伺服使能关闭。

```
void CDemoMPGDlg::OnBnClickedOnOff()
{//TODO:在此添加控件通知处理程序代码
    if(flag==TRUE)
    {  //停用手轮
       short sRtn;//返回值变量
       flag=FALSE;//将标志位复位为 FALSE 状态
       sRtn=GT_Stop(0x0f,0x0f);//将 1~4 轴停止运动
       sRtn=GT_AxisOff(1);//1 轴伺服使能关闭
       sRtn=GT_AxisOff(2);//2 轴伺服使能关闭
       sRtn=GT_AxisOff(3);//3 轴伺服使能关闭
       sRtn=GT_AxisOff(4);//4 轴伺服使能关闭
    }
    else
```

```
    {  //启用手轮
        flag=TRUE;//将标志位置位为 TRUE 状态
        mpgGetPosDi();//调用获取手轮编码器位置和 DI 信号的函数
    }
}
```

步骤 5：调试程序

检查程序代码无误后，生成解决方案，对程序代码进行调试，如图 5-9 所示。

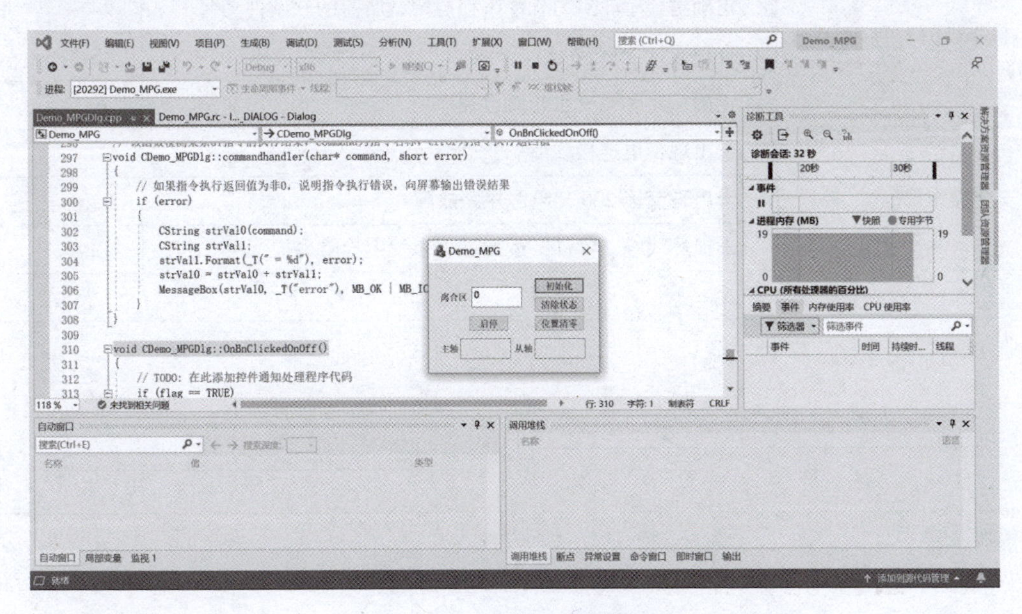

图 5-9　程序代码调试界面

运行程序，填写合适的离合区位移，使用手轮改变轴号和倍率，转动手轮编码器，观察轴运动状态，查看主轴、从轴的位移脉冲数。

如果程序运行的结果不正确或者无法运行，则需要细心检查编程过程是否有遗漏，是否正确添加变量，程序代码是否正确，将专业知识与工程实践相结合，激发自身的职业自豪感。

【任务评价】

评价内容	评价标准	配分	扣分
C++知识点	理解 switch 语句的含义	5	
	理解 while 循环语句的含义	5	
	理解函数声明和函数调用的含义	5	
	理解函数参数和按值传递的含义	5	
手轮对刀程序编程与调试	正确搭建手轮对刀程序编程与调试所需的软硬件平台	4	
	合理设计 MFC 界面	5	
	正确编写和调试手轮对刀程序	65	
安全操作规范	未出现带电连接线缆	2	
	未出现交流 220 V 电源短路故障	2	
	未损坏线缆、零件，运行过程未发生异常碰撞	2	
成绩			
收获体会： 学生签名：　　年　月　日			
教师评语： 教师签名：　　年　月　日			

思考与练习

①简述函数的定义和调用。

②手轮如何连接到运动控制系统中进行使用？

③如何设定从轴跟随主轴的规划进行运动？

项目六

运动控制系统应用案例（二）

项目导入

随着祖国的强盛，科技发展日新月异，传统的单轴简单控制已经转变为多轴复杂轨迹控制。常见的点胶机、激光雕刻机、激光切割机等设备的核心架构是 XY 二维平台，飞剪机、移动贴标机等设备核心轨迹规划是电子凸轮。本项目通过学习运动控制器插补运动控制和电子凸轮（Follow）运动控制，理解复杂机构运动的工作原理，学会控制器插补运动和跟随运动的编程测试。

学习目标

①能阐述电子凸轮运动模式的工作原理。

②能概述运动控制器 Follow 模式编程控制的步骤，并且解释涉及 GT 指令的用法。

③了解笛卡儿坐标系的定义，掌握插补运动的原理。

④能使用运动控制器，完成二维插补运动程序的开发，控制激光完成复杂轨迹的跟随运动。

素养目标

①培养学生爱岗敬业、奉献社会等职业修养。

②培养学生独立分析、解决问题的能力。

③了解科学技术发展，拓宽学生视野。

④培养学生自学能力和实际动手能力。

工作任务一 飞剪机运动控制

【任务描述】

如图 6-1 所示为飞剪机控制系统，需要飞剪能够与带钢同步控制，完成精准剪切控制带钢长度并且防止剪切过程中发生撞钢现象。本任务要求理解飞剪机的工作原理，熟悉飞剪系统工艺流程，学会飞剪机系统程序编程测试。

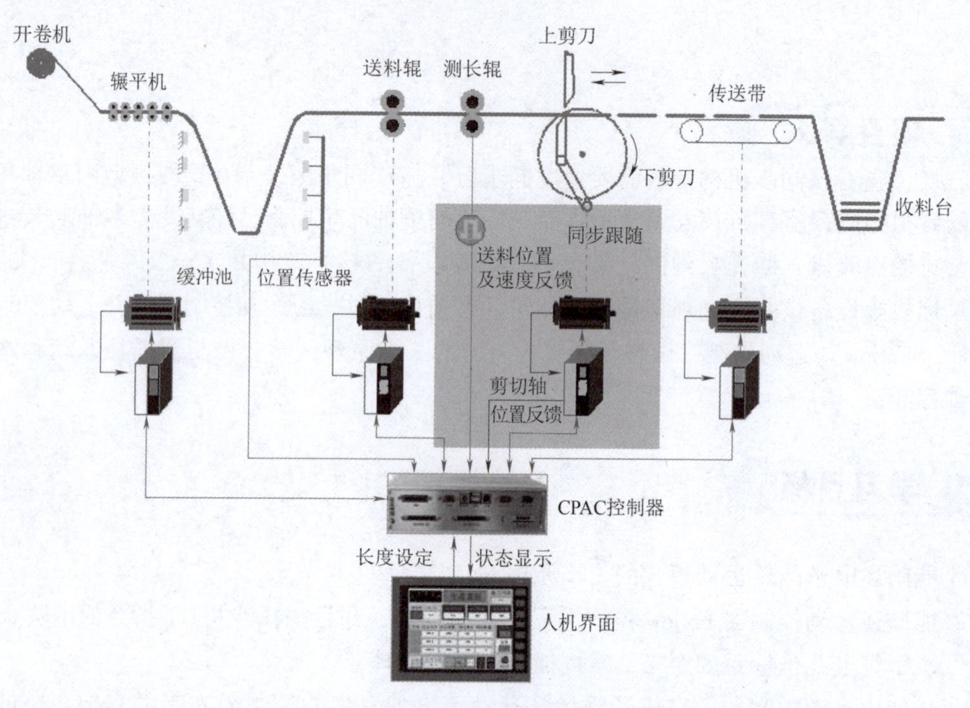

图 6-1 飞剪机控制系统

【相关知识】

一、飞剪运动规划

1. Follow 模式曲线规划

图 6-2 所示的飞剪运动模型中，简化的飞剪设备结构是主传送带（主轴）匀速拉着待剪物品定向移动；同时，在传送带上方装有一带切刀的转子，当转子旋转一周（逆时针为正向）时，刚好和待剪物体接触，使之剪断，剪切长度为 10 000 pulse，转子旋转一周为 8 000 pulse。

首先，要找出同步机构的位置同步点。位置同步点表示主轴和从轴必须同时到达各自指定位置（比如被剪物体每走完图 6-2 所示的“剪切长度”，转轮就要刚好走完一圈，两者在各自最终位置点上必须同时到达）。该例中，待剪物被切断时主轴和从轴的位置即位置同步点。要求主轴走完 10 000 pulse 时，从轴必须走完 8 000 pulse。

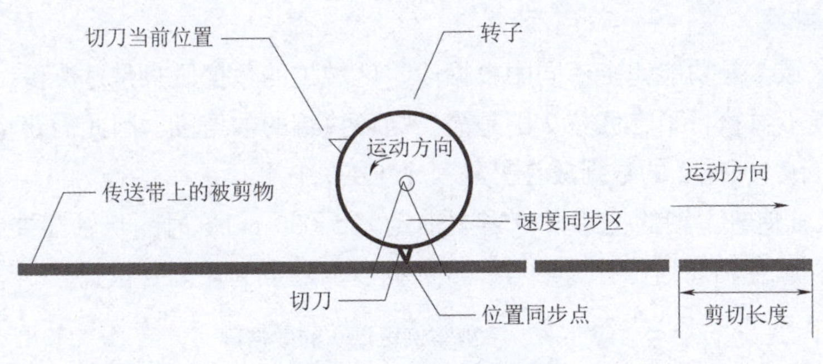

图 6-2 飞剪运动模型

假设以切刀当前的位置来看，转轮还要正向运动 2 500 个脉冲切刀才可达到位置同步点。

其次，查看该同步机构是否需要速度同步区。速度同步区表示在这段区域内主轴和从轴之间必须保持准确的速度比。该设备在待剪物被切断（位置同步点）前后一段距离内，需要有一速度同步区。在此速度同步区内，要求主轴和从轴速度相等。

因此，可以画出飞剪的主从轴速度曲线图，如图 6-3 所示。

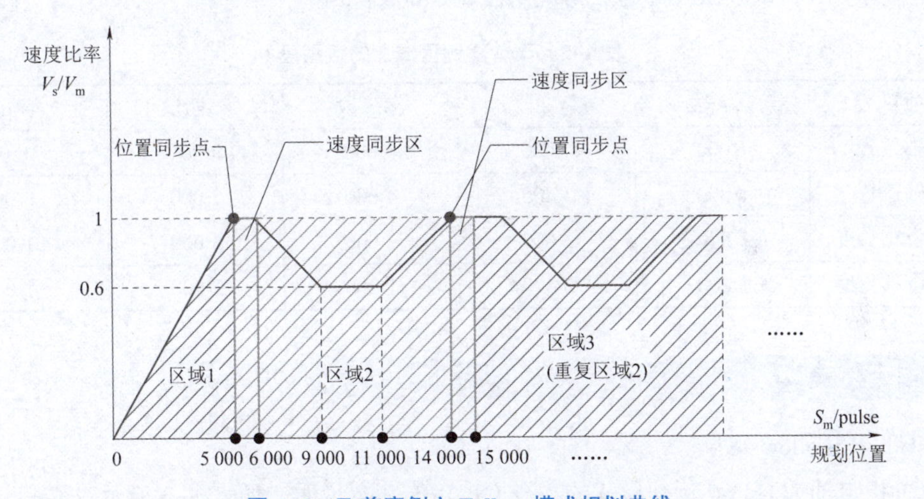

图 6-3 飞剪案例之 Follow 模式规划曲线

从图 6-3 来看，假设主轴（即传送带）是以 Jog 模式在运动，而从轴（即转轮）是 Follow 模式运动。区域 1（规划位置为 0~5 000 的阴影部分）是从轴启动跟随，表示从轴追赶主轴到达位置同步点的位移。区域 2（规划位置为 5 000~15 000 的阴影部分）表示从轴旋转完整一周，回到起始点的位移，区域 3（规划位置为大于 15 000 的阴影部分）与区域 2 一样，表示从轴循环旋转以达到等长切断主轴传送带上的被剪物体。

实心点即位置同步点，方框区域为速度同步区。区域 2 曲线表示要求从轴上的切刀在与主轴上的被剪物体接触后保持一定时间的同速运行，以便转轮上的切刀切断主轴传送带上的被剪物之后以较低速度和主轴物体分离；当切刀再次运动到接近被切物体时，又要与主轴的速度同步，以此类推，循环运行。

2. 规划数据段

区域 1 和区域 2 是功能完全不同的数据段。区域 1 的数据段只是过渡段，当速度和位置到达预定值后便不再执行了，区域 2 则是需要循环执行的数据段，因此需要将区域 1 的数据放在一个 FIFO 中，区域 2 的数据放在另外一个 FIFO 中。

区域 1：从轴追赶主轴的位移段，当主轴走完 5 000 pulse 时，从轴需要走 2 500 pulse，如表 6-1 所示。以主轴规划位置为参考，该数据段的起点为规划 0 位置。

表 6-1　飞剪案例区域 1 的数据段

项目	第一段（pulse）
主轴位置	5 000
从轴位置	2 500

区域 2：可以分成 5 个数据段：第一段为切刀从位置同步点离开的速度同步区段；第二段为切刀减速脱离速度同步区段；第三段为从轴恒速段；第四段为从轴往主轴速度变化的加速段；第五段是切刀接近被剪物体的速度同步区段。计算可得数据如表 6-2 所示。以主轴规划位置为参考，该数据段的起点为规划位置 5 000 pulse。

表 6-2　飞剪案例区域 2 的数据段

项目	第一段	第二段	第三段	第四段	第五段
主轴位置	1 000	4 000	6 000	9 000	10 000
从轴位置	1 000	3 400	4 600	7 000	8 000
主轴位移长度	1 000	3 000	2 000	3 000	1 000
从轴位移长度	1 000	2 400	1 200	2 400	1 000

二、指令列表

1. GT_PrfFollow 指令

设置指定轴为 Follow 运动模式的指令 GT_PrfFollow 说明，如表 6-3 所示。

表 6-3　GT_PrfFollow 指令说明

指令原型	GT_PrfFollow(short profile, short dir)
指令说明	设置指定轴为 Follow 运动模式
指令类型	立即指令，调用后立即生效
指令参数	该指令共有 2 个参数。 profile：规划轴号。 正整数取值范围与控制轴数相同。 dir：设置跟随方式。 0 表示双向跟随，1 表示正向跟随，-1 表示负向跟随
指令返回值	请查阅指令返回值列表

2. GT_SetFollowMaster 指令

设置 Follow 运动模式下跟随主轴的指令 GT_SetFollowMaster 说明，如表 6-4 所示。

表 6-4　GT_SetFollowMaster 指令说明

指令原型	GT_SetFollowMaster(short profile, short masterIndex, short masterType = FOLLOW_MASTER_PROFILE, short masterItem)
指令说明	设置 Follow 运动模式下跟随主轴
指令类型	立即指令，调用后立即生效
指令参数	该指令共有 4 个参数。 profile：规划轴号。 正整数取值范围与控制轴数相同。 masterIndex：主轴索引。 主轴索引不能与规划轴号相同，最好主轴索引号小于规划轴号，如主轴索引为 1 轴，规划轴号为 2 轴。 masterType：主轴类型。 FOLLOW_MASTER_PROFILE（该宏定义为 2）表示跟随规划轴（profile）的输出值，默认为该类型。 FOLLOW_MASTER_ENCODER（该宏定义为 1）表示跟随编码器（encoder）的输出值。 FOLLOW_MASTER_AXIS（该宏定义为 3）表示跟随轴（axis）的输出值。 masterItem：合成轴类型。 当 masterType=FOLLOW_MASTER_AXIS 时起作用。 0 表示 axis 的规划位置输出值，默认为该值。 1 表示 axis 的编码器位置输出值
指令返回值	请查阅指令返回值列表

3. GT_SetFollowEvent 指令

设置 Follow 运动模式下启动跟随条件的指令 GT_SetFollowEvent 说明，如表 6-5 所示。

表 6-5　GT_SetFollowEvent 指令说明

指令原型	GT_SetFollowEvent(short profile, short event, short masterDir, long pos)
指令说明	设置 Follow 运动模式下启动跟随条件
指令类型	立即指令，调用后立即生效

续表

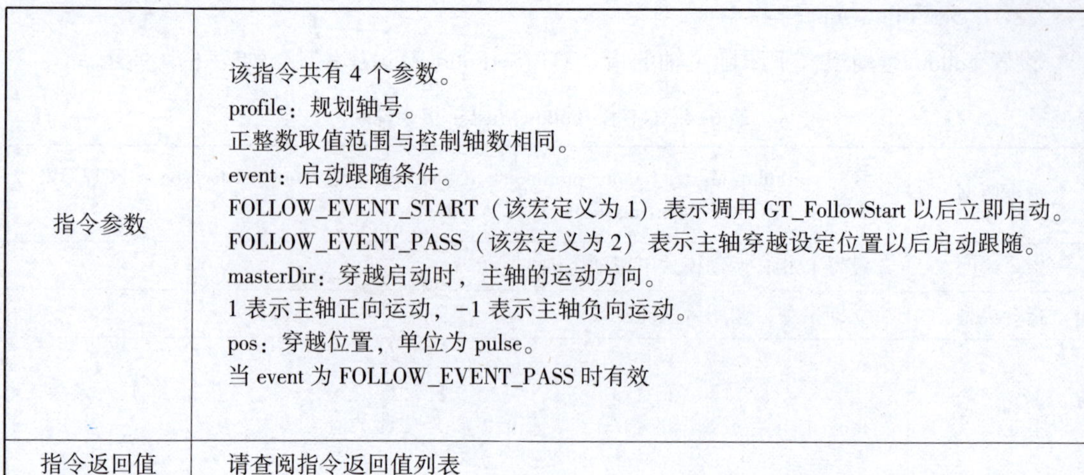

指令参数	该指令共有 4 个参数。 profile：规划轴号。 正整数取值范围与控制轴数相同。 event：启动跟随条件。 FOLLOW_EVENT_START（该宏定义为 1）表示调用 GT_FollowStart 以后立即启动。 FOLLOW_EVENT_PASS（该宏定义为 2）表示主轴穿越设定位置以后启动跟随。 masterDir：穿越启动时，主轴的运动方向。 1 表示主轴正向运动，-1 表示主轴负向运动。 pos：穿越位置，单位为 pulse。 当 event 为 FOLLOW_EVENT_PASS 时有效
指令返回值	请查阅指令返回值列表

4. GT_FollowSpace 指令

查询 Follow 运动模式下指定的 FIFO 中剩余空间的指令 GT_FollowSpac 说明，如表 6-6 所示。

表 6-6　GT_FollowSpac 指令说明

指令原型	GT_FollowSpace(short profile,short * pSpace,short fifo=0)
指令说明	查询 Follow 运动模式下指定的 FIFO 中剩余空间
指令类型	立即指令，调用后立即生效
指令参数	该指令共有 3 个参数。 profile：规划轴号。 正整数取值范围与控制轴数相同。 pSpace：读取 FIFO 的剩余空间。 说明此空间的含义。 fifo：指定所要查询的 FIFO，取值范围为 0、1 两个值。默认为 0
指令返回值	请查阅指令返回值列表

5. GT_FollowData 指令

向 Follow 运动模式下指定的 FIFO 中增加数据的指令 GT_FollowData 说明，如表 6-7 所示。

表 6-7　GT_FollowData 指令说明

指令原型	GT_FollowData(short profile,long masterSegment,double slaveSegment,short type = FOLLOW_SEGMENT_NORMAL,short fifo=0)
指令说明	向 Follow 运动模式下指定的 FIFO 中增加数据
指令类型	立即指令，调用后立即生效

续表

指令参数	该指令共有 5 个参数。 profile：规划轴号。 正整数取值范围与控制轴数相同。 masterSegment：主轴位移。单位为 pulse。 slaveSegment：从轴位移。单位为 pulse。 type：数据段类型。 FOLLOW_SEGMENT_NORMAL（该宏定义为 0）表示普通段。默认为该类型。 FOLLOW_SEGMENT_EVEN（该宏定义为 1）表示匀速段。 FOLLOW_SEGMENT_STOP（该宏定义为 2）表示减速到 0 段。 FOLLOW_SEGMENT_CONTINUE（该宏定义为 3）表示保持 FIFO 之间速度连续。 fifo：指定存放数据的 FIFO，取值范围为 0、1 两个值。默认为 0
指令返回值	请查阅指令返回值列表

6. GT_FollowClear 指令

清除 Follow 运动模式下指定的 FIFO 中数据的指令 GT_FollowClear 说明，如表 6-8 所示。

表 6-8　GT_FollowClear 指令说明

指令原型	GT_FollowClear(short profile,short fifo=0)
指令说明	清除 Follow 运动模式下指定的 FIFO 中数据。 运动状态下该指令无效
指令类型	立即指令，调用后立即生效
指令参数	该指令共有 2 个参数。 profile：规划轴号。 正整数取值范围与控制轴数相同。 fifo：指定需要清除的 FIFO，取值范围为 0、1 两个值。默认为 0
指令返回值	请查阅指令返回值列表

7. GT_FollowStart 指令

启动 Follow 运动的指令 GT_FollowStart 说明，如表 6-9 所示。

表 6-9　GT_FollowStart 指令说明

指令原型	GT_FollowStart(long mask,long option)
指令说明	启动 Follow 运动
指令类型	立即指令，调用后立即生效

续表

<table>
<tr><td rowspan="1">指令参数</td><td>该指令共有 2 个参数。
mask：按位指示需要启动 Follow 运动的轴号。当 bit 位为 1 时表示启动对应的轴。
对于 4 轴控制器：

bit	3	2	1	0
对应轴	4 轴	3 轴	2 轴	1 轴

对于 8 轴控制器：

bit	7	6	5	4	3	2	1	0
对应轴	8 轴	7 轴	6 轴	5 轴	4 轴	3 轴	2 轴	1 轴

按位指示所使用的 FIFO，默认为 0。当 bit 位为 0 时表示对应的轴使用 FIFO1。当 bit 位为 1 时表示对应的轴使用 FIFO2。
option：按位指示所使用的 FIFO，默认为 0。
对于 4 轴控制器：

bit	3	2	1	0
对应轴	4 轴	3 轴	2 轴	1 轴

对于 8 轴控制器：

bit	7	6	5	4	3	2	1	0
对应轴	8 轴	7 轴	6 轴	5 轴	4 轴	3 轴	2 轴	1 轴

</td></tr>
<tr><td>指令返回值</td><td>请查阅指令返回值列表</td></tr>
</table>

【任务实施】

一、工作分析

飞剪机是在轧件运动中对轧件实施剪切工艺的一种设备，是连续式轧钢生产线上不可缺少的、非常关键的设备之一。其控制过程简化就是两个轴的规划控制，一个轴做匀速运动，另一个轴的运动轨迹类似凸轮，所以也称为 Follow 模式下的电子凸轮。本任务需要调用 Follow 运动相关指令来完成所需的轨迹规划。

任务需要分小组进行，各组协调分工，比如操作软件、编写程序、控制急停盒子、记录数据等，保证任务过程的高效性和安全性。

二、工作步骤

步骤 1：搭建硬件平台

将运动控制卡、PC 机、端子板、驱动器、XY 模组正确连接。

步骤 2：新建基于控制台程序的 VS 项目

①启动 VS，单击界面上的“创建新项目（N）”创建新项目。在创建项目后弹出创建

新项目界面，选择“控制台应用”，单击“下一步”按钮。

②在创建控制台程序后弹出配置新项目界面，在“项目名称（N）”下面输入项目的名称“Follow”，在“位置（L）”下面选择项目存放的位置，然后单击“创建”按钮。

③添加动态链接库文件（.dll）、静态链接库文件（.lib）和头文件（.h）到项目文件。

Follow 项目创建后，VS 自动在指定位置生成许多文件。将运动控制器配套光盘 .dll 文件夹中的动态链接库、头文件和 .lib 文件复制到工程文件夹中。

注意所创建的程序是 32 位，应选择正确版本的文件。同时将控制器配置文件 GTS800. cfg 也复制到工程文件夹。

④在程序中添加头文件。

在 Follow 项目中的“头文件”上单击右键，选择“添加”→“现有项”，找到项目文件夹中的 gts. h，然后单击“添加”命令。

⑤在程序中添加头文件和静态链接库文件的声明。

在应用程序中加入函数库头文件的声明，例如：#include" gts. h"。同时，在应用程序中添加包含静态链接库文件的声明，如：#pragmacomment(lib," gts. lib")。至此，运动控制器函数库的调用完成。

步骤 3：编写和调试程序

此任务主轴为 Jog 模式，速度为 50 pulse/ms。从轴为 Follow 模式，跟随主轴的规划位置。从轴启动的跟随条件是：主轴走过 50 000 pulse 后，从轴启动跟随。从轴的运动规律由 3 段组成，如表 6-10 所示，加速段跟随、匀速跟随、减速跟随，类似一个梯形曲线，并且无限次循环此数据段。Follow 单 FIFO 模式主轴速度规划如图 6-4 所示，Follow 单 FIFO 模式从轴速度规划如图 6-5 所示。

表 6-10　Follow 单 FIFO 数据段

位置	第一段	第二段	第三段
主轴位置	20 000	20 000	20 000
从轴位置	10 000	20 000	10 000

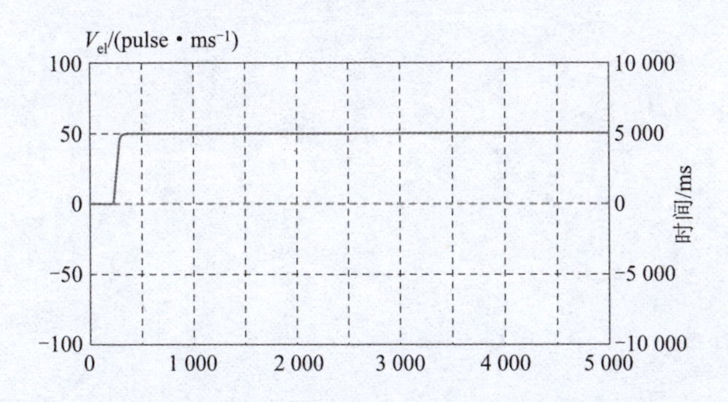

图 6-4　Follow 单 FIFO 模式主轴速度规划

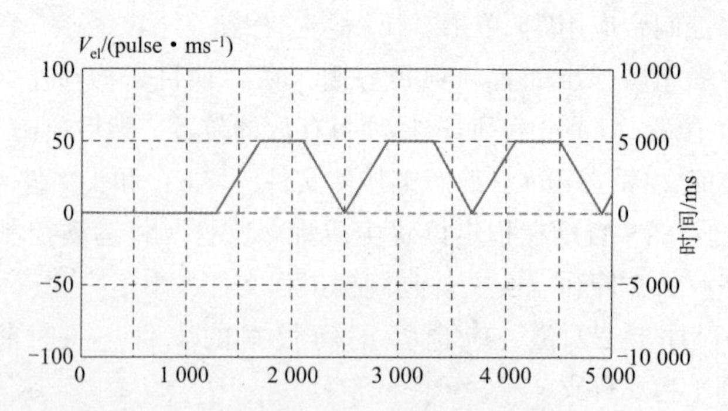

图 6-5　Follow 单 FIFO 模式从轴速度规划

```
#include<iostream>
#include"conio.h"
#include"gts.h"
#pragma comment(lib,"gts.lib")
#define MASTER 1
#define SLAVE 2

void commandhandler(char* command,short error)
{
    //如果指令执行返回值为非 0,说明指令执行错误,向屏幕输出错误结果
    if(error)
    {
        printf("%s=%d\n",command,error);
    }
}

int main(int argc,char*argv[])
{
short sRtn;
double prfVel[8];
TJogPrm jog;
short space;
long masterPos;
double slavePos;
long loop;
//打开运动控制器
sRtn=GT_Open();
//指令返回值检测,请查阅飞剪中的 Follow 模式应用
commandhandler("GT_Open",sRtn);
```

```
//复位运动控制器
sRtn=GT_Reset();
commandhandler("GT_Reset",sRtn);
//配置运动控制器
//注意:配置文件 test.cfg 取消了各轴的报警和限位
sRtn=GT_LoadConfig("test.cfg");
commandhandler("GT_LoadConfig",sRtn);
//清除各轴的报警和限位
sRtn=GT_ClrSts(1,8);
commandhandler("GT_ClrSts",sRtn);
//伺服使能
sRtn=GT_AxisOn(MASTER);
commandhandler("GT_AxisOn",sRtn);
sRtn=GT_AxisOn(SLAVE);
commandhandler("GT_AxisOn",sRtn);
//位置清零
sRtn=GT_ZeroPos(MASTER);
commandhandler("GT_ZeroPos",sRtn);
sRtn=GT_ZeroPos(SLAVE);
commandhandler("GT_ZeroPos",sRtn);
//将主轴设为 Jog 模式
sRtn=GT_PrfJog(MASTER);
commandhandler("GT_PrfJog",sRtn);
//设置主轴运动参数
sRtn=GT_GetJogPrm(MASTER,&jog);
commandhandler("GT_GetJogPrm",sRtn);
jog.acc=1;
sRtn=GT_SetJogPrm(MASTER,&jog);
commandhandler("GT_SetJogPrm",sRtn);
sRtn=GT_SetVel(MASTER,50);
commandhandler("GT_SetVel",sRtn);
//启动主轴
sRtn=GT_Update(1<<(MASTER-1));
commandhandler("GT_Update",sRtn);
//将从轴设为 Follow 模式
sRtn=GT_PrfFollow(SLAVE);
commandhandler("GT_PrfFollow",sRtn);
//清空从轴 FIFO
sRtn=GT_FollowClear(SLAVE);
```

```
commandhandler("GT_FollowClear",sRtn);
//设置主轴,默认跟随主轴规划位置
sRtn=GT_SetFollowMaster(SLAVE,MASTER);
commandhandler("GT_SetFollowMaster",sRtn);
//查询 Follow 模式的剩余空间
sRtn=GT_FollowSpace(SLAVE,&space);
printf("GT_FollowSpace()=%dspace=%d\n",sRtn,space);
//向 FIFO 中增加运动数据
masterPos=20000;
slavePos=10000;
sRtn=GT_FollowData(SLAVE,masterPos,slavePos);
commandhandler("GT_FollowData",sRtn);
//查询 Follow 模式的剩余空间
sRtn=GT_FollowSpace(SLAVE,&space);
printf("GT_FollowSpace()=%dspace=%d\n",sRtn,space);
//向 FIFO 中增加运动数据
masterPos+=20000;
slavePos+=20000;
sRtn=GT_FollowData(SLAVE,masterPos,slavePos);
commandhandler("GT_FollowData",sRtn);
//查询 Follow 模式的剩余空间
sRtn=GT_FollowSpace(SLAVE,&space);
printf("GT_FollowSpace()=%dspace=%d\n",sRtn,space);
//向 FIFO 中增加运动数据
masterPos+=20000;
slavePos+=10000;
sRtn=GT_FollowData(SLAVE,masterPos,slavePos);
commandhandler("GT_FollowData",sRtn);
//设置循环次数为无限循环
sRtn=GT_SetFollowLoop(SLAVE,0);
commandhandler("GT_SetFollowLoop",sRtn);
//设置启动跟随条件
sRtn=GT_SetFollowEvent(SLAVE,FOLLOW_EVENT_PASS,1,50000);
commandhandler("GT_SetFollowEvent",sRtn);
//启动从轴 Follow 运动
sRtn=GT_FollowStart(1<<(SLAVE-1));
commandhandler("GT_FollowStart",sRtn);
while(!kbhit())
```

```
{
//查询各轴的规划速度
sRtn=GT_GetPrfVel(1,prfVel,8);
//查询循环次数
sRtn=GT_GetFollowLoop(SLAVE,&loop);
printf("master=%-10.2lf\tslave=%-10.2lf\tloop=%d\r",prfVel[MASTER-1],prfVel
[SLAVE-1],loop);
}
//伺服关闭
sRtn=GT_AxisOff(MASTER);
printf("\nGT_AxisOff()=%d,Axis:%d\n",sRtn,MASTER);
sRtn=GT_AxisOff(SLAVE);
printf("\nGT_AxisOff()=%d\n",sRtn,SLAVE);
getchar();
return0;
}
```

如果程序运行的结果不正确或者无法运行，则需要细心检查编程过程是否有遗漏，是否正确添加变量，程序代码是否正确，培养独立分析、解决问题的能力。

【任务评价】

评价内容	评价标准	配分	扣分
飞剪控制系统	熟悉飞剪系统工艺流程	2	
	理解飞剪机工作原理	2	
	掌握电子凸轮的运动规划	6	
指令列表	理解 GT_PrfFollow 指令的含义，并正确使用	5	
	理解 GT_SetFollowMaster 指令的含义，并正确使用	5	
	理解 GT_SetFollowEvent 指令的含义，并正确使用	5	
	理解 GT_FollowSpace 指令的含义，并正确使用	5	
	理解 GT_FollowData 指令的含义，并正确使用	5	
	理解 GT_FollowClear 指令的含义，并正确使用	5	
	理解 GT_FollowStart 指令的含义，并正确使用	5	
电子凸轮程序编程与调试	正确搭建电子凸轮程序编程与调试所需的软硬件平台	4	
	正确编写和调试电子凸轮程序	45	
安全操作规范	未出现带电连接线缆	2	
	未出现交流 220 V 电源短路故障	2	
	未损坏线缆、零件，运行过程未发生异常碰撞	2	
成绩			
收获体会： 学生签名：　　年　　月　　日			
教师评语： 教师签名：　　年　　月　　日			

工作任务二 XY 平台运动控制

【任务描述】

常见的 XY 平台如图 6-6 所示，本任务要求熟悉插补运动相关的指令，编写运动控制程序，控制激光笔完成复杂轨迹的雕刻运动，轨迹如图 6-7 所示。

图 6-6 常见的 XY 平台

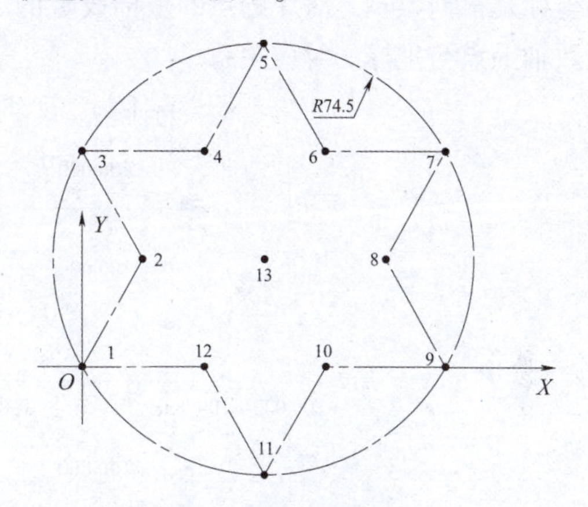

图 6-7 插补运动轨迹

已知图 6-7 所示插补轨迹上的各点坐标如表 6-11 所示，单位为 mm。XY 平台滚珠丝杠的导程均为 10 mm。

表 6-11 插补轨迹上的各点坐标

mm

序号	*X*	*Y*	序号	*X*	*Y*
1	0	0	8	107. 5	37. 25
2	21. 5	37. 25	9	129	0
3	0	74. 5	10	86	0
4	43	74. 5	11	64. 5	-37. 25
5	64. 5	111. 75	12	43	0
6	86	74. 5	13	64. 5	37. 25
7	129	74. 5			

【相关知识】

一、笛卡儿坐标系与插补运动

1. 笛卡儿坐标系

笛卡儿坐标系在数学中是一种正交坐标系，由法国数学家勒内 · 笛卡儿引入而得名。

笛卡儿坐标系是直角坐标系和斜角坐标系的统称，两条数轴互相垂直的笛卡儿坐标系，称为笛卡儿直角坐标系，否则称为笛卡儿斜角坐标系。根据坐标系的维数，笛卡儿坐标系又分为平面（二维）坐标系和空间（三维）坐标系。相交于原点的两条数轴，两条数轴上的度量单位相等构成了平面笛卡儿坐标系。

在工业现场用直角坐标系描述的情况居多，本项目主要介绍平面直角坐标系。二维的直角坐标系是由两条相互垂直、相交于原点的数轴构成的，如图 6-8 所示。在平面内，任何一点的坐标是根据数轴上对应的点的坐标设定的。在平面内，任何一点与坐标的对应关系，类似于数轴上点与坐标的对应关系。

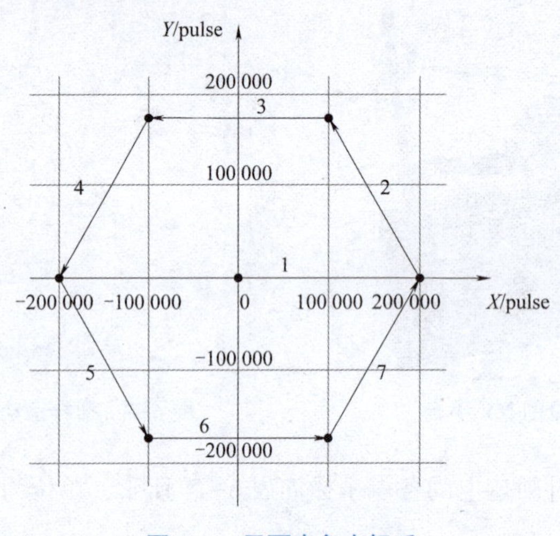

图 6-8　平面直角坐标系

2. 插补运动

（1）直线插补

直线插补方式中，两点间的插补沿着直线的点群来逼近。首先假设在实际轮廓起始点处沿 X 方向走一小段（如一个脉冲当量），发现终点在实际轮廓的下方，则下一条线段沿 Y 方向走一小段，此时如果线段终点还在实际轮廓下方，则继续沿 Y 方向走一小段，直到终点在实际轮廓上方以后，再向 X 方向走一小段，依次循环类推，直到到达轮廓终点为止。这样实际轮廓是由一段段的折线拼接而成的，虽然是折线，如果每一段走刀线段都在精度允许范围内，那么此段折线还是可以近似看作一条直线段，这就是直线插补。假设某数控机床刀具在 XY 平面上从点（x_0，y_0）运动到点（x_1，y_1），其直线插补的加工过程示意图如图 6-9 所示。

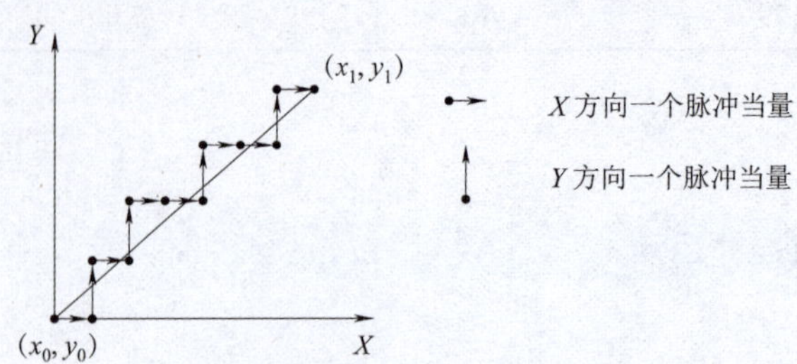

图 6-9　直线插补的加工过程示意图

（2）圆弧插补

圆弧插补是给出两端点间的插补数字信息，以一定的算法计算出逼近实际圆弧的点群，控制刀具沿这些点运动，加工出圆弧曲线。圆弧插补只能在某一平面进行。假设某数控机床刀具在 *xy* 平面的第一象限走一段逆圆弧，圆心为原点，半径为 5，起点 *A*（5，0），终点 *B*（0，5），其圆弧插补的加工过程示意图如图 6-10 所示。

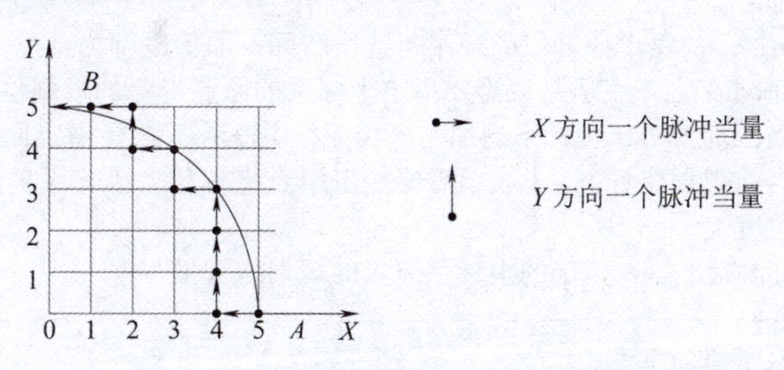

图 6-10　圆弧插补的加工过程示意图

二、插补运动指令列表

1. GT_SetCrdPrm 指令

建立坐标系的指令 GT_SetCrdPrm 说明，如表 6-12 所示。

表 6-12　GT_SetCrdPrm 指令说明

<table>
<tr><td>指令原型</td><td>GT_SetCrdPrm(short crd,TCrdPrm* pCrdPrm)</td></tr>
<tr><td>指令说明</td><td>设置坐标系参数，确立坐标系映射，建立坐标系</td></tr>
<tr><td>指令类型</td><td>立即指令，调用后立即生效</td></tr>
<tr><td>指令参数</td><td>该指令共有 2 个参数。
crd：坐标系号，取值范围为［1，2］。
pCrdPrm：设置坐标系的相关参数。
typedef struct CrdPrm
{
short dimension;
short profile［8］;
double synVelMax;
double synAccMax;
short evenTime;
short setOriginFlag;
long originPos［8］;
} TCrdPrm;
dimension：坐标系的维数，取值范围为［1，4］。
profile［8］：坐标系与规划器的映射关系。profile［0..7］对应规划轴 1~8，如果规划轴没有对应到该坐标系，则 profile［x］的值为 0；如果对应到了 X 轴，则 profile［x］为 1，Y 轴对应为 2，Z 轴对应为 3，A 轴对应为 4。不允许多个规划轴映射到相同坐标系的相同坐标轴，也不允许把相同规划轴对应到不同的坐标系，否则该指令将会返回错误值。每个元素的取值范围为［0，4］。</td></tr>
</table>

续表

指令参数	synVelMax：该坐标系的最大合成速度。如果用户在输入插补段的时候所设置的目标速度大于该速度，则会被限制为该速度。取值范围为（0，32 767），单位为 pulse/ms。 synAccMax：该坐标系的最大合成加速度。如果用户在输入插补段的时候所设置的加速度大于该加速度，则会被限制为该加速度。取值范围为（0，32 767），单位为 $pulse/ms^2$。 evenTime：每个插补段的最小匀速段时间。取值范围为［0，32 767），单位为 ms。 setOriginFlag：表示是否需要指定坐标系的原点坐标的规划位置，该参数可以方便用户建立区别于机床坐标系的加工坐标系。0 表示不需要指定原点坐标值，坐标系的原点在当前规划位置上；1 表示需要指定原点坐标值，坐标系的原点在 originPos 指定的规划位置上。 originPos［8］：指定的坐标系原点的规划位置值
指令返回值	若返回值为 1： ①若坐标系下各轴在规划运动，请调用 GT_Stop()停止运动再调用该指令。 ②请检查映射到 Profile 有没有被激活，若没有，则返回错误。 ③请检查相应轴是否在坐标系下。 其他返回值：请参照指令返回值列表

2. GT_LnXY 指令

XY 平面二维直线插补的指令 GT_LnXY 说明，如表 6-13 所示。

表 6-13　GT_LnXY 指令说明

指令原型	GT_LnXY(short crd,long x,long y,double synVel,double synAcc,double velEnd=0,short fifo=0)
指令说明	*XY* 平面二维直线插补
指令类型	缓存区指令
指令参数	该指令共有 7 个参数。 crd：坐标系号。正整数，取值范围为［1，2］。 x：插补段 *X* 轴终点坐标值。取值范围为［-1 073 741 823，1 073 741 823］，单位为 pulse。 y：插补段 *Y* 轴终点坐标值。取值范围为［-1 073 741 823，1 073 741 823］，单位为 pulse。 synVel：插补段的目标合成速度。取值范围为（0，32 767），单位为 pulse/ms。 synAcc：插补段的合成加速度。取值范围为（0，32 767），单位为 $pulse/ms^2$。 velEnd：插补段的终点速度。取值范围为［0，32 767），单位为 pulse/ms。该值只有在没有使用前瞻预处理功能时才有意义，否则该值无效。默认值为 0。 fifo：插补缓存区号。取值范围为［0，1］。默认值为 0
指令返回值	若返回值为 1： ①检查当前坐标系是否映射了相关轴。 ②检查是否向 FIFO1 中传递数据，若是，则检查 FIFO0 是否使用并运动，若运动，则返回错误。 ③检查相应的 FIFO 是否已满

3. GT_ArcXYC 指令

XY 平面圆弧插补的指令 GT_ArcXYC 说明，如表 6-14 所示。

表 6-14　GT_ArcXYC 指令说明

指令原型	GT_ArcXYC(short crd, long x, long y, double xCenter, double yCenter, short circleDir, double synVel, double synAcc, double velEnd=0, short fifo=0)
指令说明	*XY* 平面圆弧插补。使用圆心描述方法描述圆弧
指令类型	缓存区指令
指令参数	该指令共有 10 个参数。 crd：坐标系号。正整数，取值范围为［1，2］。 x：圆弧插补 *X* 轴的终点坐标值。取值范围为［-1 073 741 823，1 073 741 823］，单位为 pulse。 y：圆弧插补 *Y* 轴的终点坐标值。取值范围为［-1 073 741 823，1 073 741 823］，单位为 pulse。 xCenter：圆弧插补的圆心 *X* 方向相对于起点位置的偏移量。 yCenter：圆弧插补的圆心 *Y* 方向相对于起点位置的偏移量。 circleDir：圆弧的旋转方向。0 表示顺时针圆弧；1 表示逆时针圆弧。 synVel：插补段的目标合成速度。取值范围为（0，32 767），单位为 pulse/ms。 synAcc：插补段的合成加速度。取值范围为（0，32 767），单位为 $pulse/ms^2$。 velEnd：插补段的终点速度。取值范围为［0，32 767），单位为 pulse/ms。该值只有在没有使用前瞻预处理功能时才有意义，否则该值无效。默认值为 0。 fifo：插补缓存区号。取值范围为［0，1］。默认值为 0
指令返回值	若返回值为 1： ①检查当前坐标系是否映射了相关轴。 ②检查是否向 FIFO1 中传递数据，若是，则检查 FIFO0 是否使用并运动，若运动，则返回错误。 ③检查相应的 FIFO 是否已满。 其他返回值：请参照指令返回值列表

4. GT_BufIO 指令

缓存区内数字量 I/O 输出设置指令 GT_BufIO 如表 6-15 所示。

表 6-15　GT_BufIO 指令说明

指令原型	GT_BufIO(short crd, unsigned short doType, unsigned short doMask, unsigned short doValue, short fifo=0)
指令说明	缓存区内数字量 I/O 输出设置指令
指令类型	缓存区指令

续表

指令参数	该指令共有 5 个参数。 crd：坐标系号。正整数，取值范围为［1，2］。 doType：数字量输出的类型。 MC_ENABLE（该宏定义为 10）：输出驱动器使能。 MC_CLEAR（该宏定义为 11）：输出驱动器报警清除。 MC_GPO（该宏定义为 12）：输出通用输出。 doMask：从 bit0~bit15 按位表示指定的数字量输出是否有操作。 0：该路数字量输出无操作；1：该路数字量输出有操作。 doValue：从 bit0~bit15 按位表示指定的数字量输出的值。 fifo：插补缓存区号。正整数，取值范围为［0，1］。默认值为 0
指令返回值	若返回值为 1： ①检查当前坐标系是否映射了相关轴。 ②检查是否向 FIFO1 中传递数据，若是，则检查 FIFO0 是否使用并运动，若运动，则返回错误。 ③检查相应的 FIFO 是否已满。 其他返回值：请参照指令返回值列表

5. GT_CrdClear 指令

清除插补缓存区内的插补数据的指令 GT_CrdClear 说明，如表 6-16 所示。

表 6-16　GT_CrdClear 指令说明

指令原型	GT_CrdClear(short crd,short fifo)
指令说明	清除插补缓存区内的插补数据
指令类型	立即指令，调用后立即生效
指令参数	该指令共有 2 个参数。 crd：坐标系号。正整数，取值范围为［1，2］。 fifo：插补缓存区号。正整数，取值范围为［0，1］。默认值为 0
指令返回值	若返回值为 1： ①检查当前坐标系是否映射了相关轴。 ②检查是否向 FIFO1 中传递数据，若是，则检查 FIFO0 是否使用并运动，若运动，则返回错误。 其他返回值：请参照指令返回值列表

6. GT_CrdStart 指令

启动插补运动的指令 GT_CrdStart 说明，如表 6-17 所示。

表 6-17　GT_CrdStart 指令说明

指令原型	GT_CrdStart(short mask,short option)
指令说明	启动插补运动
指令类型	立即指令，调用后立即生效
指令参数	该指令共有 2 个参数。 mask：从 bit0~bit1 按位表示需要启动的坐标系。 bit0 对应坐标系 1，bit1 对应坐标系 2。 0：不启动该坐标系，1：启动该坐标系。 option：从 bit0~bit1 按位表示坐标系需要启动的缓存区的编号。 bit0 对应坐标系 1，bit1 对应坐标系 2。 0：启动坐标系中 FIFO0 的运动，1：启动坐标系中 FIFO1 的运动
指令返回值	若返回值为 1： ①检查当前坐标系是否映射了相关轴。 ②若使用了辅助 FIFO1 运动，检查当前坐标系位置有没有恢复到 FIFO0 断点坐标系位置。 ③检查参数设置是否启动了坐标系。 ④检查坐标系是否在运动。 其他返回值：请参照指令返回值列表

7. GT_CrdStatus 指令

查询插补运动坐标系状态的指令 GT_CrdStatus 说明，如表 6-18 所示。

表 6-18　GT_CrdStatus 指令说明

指令原型	GT_CrdStatus(short crd,short * pRun,long * pSegment,short fifo=0)
指令说明	查询插补运动坐标系状态
指令类型	立即指令，调用后立即生效
指令参数	该指令共有 4 个参数。 crd：坐标系号。正整数，取值范围为［1，2］。 pRun：读取插补运动状态。 0：该坐标系的 FIFO 没有在运动；1：该坐标系的 FIFO 正在进行插补运动。 pSegment：读取当前已经完成的插补段数。当重新建立坐标系或者调用 GT_CrdClear 指令后，该值会被清零。 fifo：所要查询运动状态的插补缓存区号。正整数，取值范围为［0，1］，默认值为 0
指令返回值	若返回值为 1：检查当前坐标系是否映射了相关轴。 其他返回值：请参照指令返回值列表

【任务实施】

一、工作分析

插补是数控系统依照一定方法确定刀具运动轨迹的过程，最终将工件加工出所需要的轮廓形状，此运动控制技术广泛运用于多种加工设备，比如点胶机、雕刻机、贴膜机等，核心都是规划 X 轴、Y 轴的轨迹运动。本任务需要调用二维插补指令来完成所需的轨迹规划。

本任务需要分小组进行，各组协调分工，比如操作软件、编写程序、控制急停盒子、记录数据等，保证任务过程的高效性和安全性。

二、工作步骤

步骤 1：搭建硬件平台

将运动控制卡、PC 机、端子板、驱动器、XY 模组正确连接。

步骤 2：新建基于控制台程序的 VS 项目

操作步骤同工作任务一。

步骤 3：编写和调试程序

①编写 X 轴和 Y 轴的回零运动程序，注意回零运动结束后，要对 X 轴、Y 轴进行位置清零操作。

②编写建立坐标系函数。

在实际使用情况中，往往被加工的工件本身有一个独立的工件坐标系，工件坐标系的原点通常是加工的起始点，此时需要把机械坐标系与工件坐标系进行统一，可以通过坐标偏移的方式解决，如图 6-11 所示。

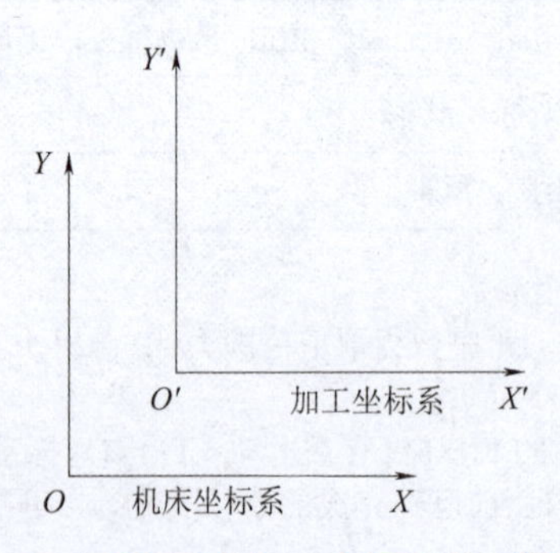

图 6-11　机床坐标系与加工坐标系的坐标偏移图示

在程序里需要建立二维坐标系，将物理上的 XY 两个电动机轴与软件计算的 XY 轴对应起来，获得一个以机械固定位置为原点的坐标系。坐标系建立后，末端工具的运动位置均可以由此坐标系表示。

```
void setCrd()
{  //建立坐标系
   short sRtn;//指令返回值变量
   TCrdPrm crdPrm;//TCrdPrm为结构体变量,该结构体定义了坐标系
   memset(&crdPrm,0,sizeof(crdPrm));//将结构体变量初始化为0

   //为坐标系的结构体参数赋值
   crdPrm.dimension=2;//坐标系为二维坐标系
   crdPrm.synVelMax=50;//最大合成速度为50 pulse/ms
   crdPrm.synAccMax=1;//最大合成加速度为1 pulse/ms²
   crdPrm.evenTime=50;//最小匀速时间为50 ms
   crdPrm.profile[0]=1;//规划器1(即profile[0])对应到X轴(即1)
   crdPrm.profile[1]=2;//规划器2(即profile[1])对应到Y轴(即2)
   crdPrm.setOriginFlag=1;//表示需要指定坐标系的原点坐标的规划位置
   //假定加工坐标系的原点坐标相对于回零位的坐标(100,100)
   crdPrm.originPos[0]=100;
   crdPrm.originPos[1]=100;
   //根据设定的坐标系参数,建立1号坐标系
   sRtn=GT_SetCrdPrm(1,&crdPrm);
}
```

③编写直线插补和圆弧插补函数。

建立坐标系后，可直接使用插补指令控制末端工具的移动，如果需要末端工具进行一个直线移动，可直接使用运动控制卡的直线插补指令。通过直线插补指令，可以使末端工具在当前位置直线运动到工作空间中的另一指定坐标位置。

```
void motion()
{
  short sRtn;//指令返回值变量
   short run;//坐标系运动状态查询变量
   long segment;//坐标系运动完成段查询变量
   //首先清除坐标系1的FIFO0缓存区中的数据
   sRtn=GT_CrdClear(1,0);
   //直线插补,从回零位走到坐标(0,0)点
   sRtn=GT_LnXY(
       1,        //该插补段的坐标系是坐标系1
       0,0,      //该插补段的终点坐标为(0,0)
       50,       //该插补段的目标速度为50 pulse/ms
       0.1,      //插补段的加速度为0.1 pulse/ms²
       0,        //终点速度为0
       0);       //向坐标系1的FIFO0缓存区传递该直线插补数据
```

```
//开启激光
sRtn=GT_BufIO(
        1,                //坐标系是坐标系1
        MC_GPO,           //数字量输出类型为通用输出
        0x1000,           //bit13 输出有操作
        0x0,              //bit13 输出低电平
        0);               //向坐标系1的FIFO0缓存区传递该数字量输出
//向缓存区写入插补数据,从1点到2点
sRtn=GT_LnXY(1,21500,32750,50,0.1,0,0);
//向缓存区写入插补数据,从2点到3点
sRtn=GT_LnXY(1,0,74500,50,0.1,0,0);
//向缓存区写入插补数据,从3点到4点
sRtn=GT_LnXY(1,43000,74500,50,0.1,0,0);
//向缓存区写入插补数据,从4点到5点
sRtn=GT_LnXY(1,64500,111750,50,0.1,0,0);
//向缓存区写入插补数据,从5点到6点
sRtn=GT_LnXY(1,86000,74500,50,0.1,0,0);
//向缓存区写入插补数据,从6点到7点
sRtn=GT_LnXY(1,129000,74500,50,0.1,0,0);
//向缓存区写入插补数据,从7点到8点
sRtn=GT_LnXY(1,107500,37250,50,0.1,0,0);
//向缓存区写入插补数据,从8点到9点
sRtn=GT_LnXY(1,129000,0,50,0.1,0,0);
//向缓存区写入插补数据,从9点到10点
sRtn=GT_LnXY(1,86000,0,50,0.1,0,0);
//向缓存区写入插补数据,从10点到11点
sRtn=GT_LnXY(1,64500,-37250,50,0.1,0,0);
//向缓存区写入插补数据,从11点到12点
sRtn=GT_LnXY(1,43000,0,50,0.1,0,0);
//向缓存区写入插补数据,从12点再回到坐标(0,0)点
sRtn=GT_LnXY(1,0,0,50,0.1,0,0);
//画整圆,圆的半径r=74 500 pulse
sRtn=GT_ArcXYC(
    1,//坐标系是坐标系1
    0,0,//因为是画整圆,所以起点跟终点坐标一样,终点坐标为(0,0)
    64500,37250,//圆弧插补的圆心相对于起点位置的偏移量
    0,//该圆弧是顺时针圆弧
    50,//该插补段的目标速度为50 pulse/ms
    0.1,//该插补段的加速度为0.1 pulse/ms²
```

```
        0,//终点速度为 0
        0);//向坐标系 1 的 FIFO0 缓存区传递该直线插补数据
    //关闭激光
    sRtn=GT_BufIO(
            1,MC_GPO,0x1000,
            0x1000,     //bit13 输出高电平
            0);         //向坐标系 1 的 FIFO0 缓存区传递该数字量输出
    //启动坐标系 1 的 FIFO0 的插补运动
    sRtn=GT_CrdStart(1,0);
    //查询坐标系 1 的 FIFO0 插补运动坐标系状态
    sRtn=GT_CrdStatus(1,&run,&segment,0);
    do{   //等待运动完成
          //查询坐标系 1 的 FIFO 的插补运动状态
          sRtn=GT_CrdStatus(
            1,//坐标系是坐标系 1
            &run,//读取插补运动状态
            &segment,//读取当前已经完成的插补段数
            0);//查询坐标系 1 的 FIFO0 缓存区
    }while(run==1);//坐标系在运动,查询到 run 的值为 1
}
```

如果程序运行的结果不正确或者无法运行，则需要细心检查编程过程是否有遗漏，是否正确添加变量，特别是插补指令参数是否齐全，程序代码是否正确，培养自学能力和实际动手能力。

【任务评价】

评价内容	评价标准	配分	扣分
XY 平面运动控制	熟悉笛卡儿坐标系的含义	2	
	掌握直线插补的含义和用法	4	
	掌握圆弧插补的含义和用法	4	
指令列表	理解 GT_SetCrdPrm 指令的含义，并正确使用	5	
	理解 GT_LnXY 指令的含义，并正确使用	5	
	理解 GT_ArcXYC 指令的含义，并正确使用	5	
	理解 GT_BufIO 指令的含义，并正确使用	5	
	理解 GT_CrdClear 指令的含义，并正确使用	5	
	理解 GT_CrdStart 指令的含义，并正确使用	5	
	理解 GT_CrdStatus 指令的含义，并正确使用	5	
XY 平面运动程序编程与调试	正确搭建 XY 平面运动程序编程与调试所需的软硬件平台	4	
	正确编写和调试 XY 平面运动程序	45	
安全操作规范	未出现带电连接线缆	2	
	未出现交流 220 V 电源短路故障	2	
	未损坏线缆、零件，运行过程未发生异常碰撞	2	
成绩			
收获体会： 学生签名：　　年　　月　　日			
教师评语： 教师签名：　　年　　月　　日			

思考与练习

①简述电子凸轮的优点。

②简述 Follow 模式中的位置同步和速度同步。

③简述 GT_ArcXYC( )和 GT_ArcXYR( )两个运动指令的区别。

④简述插补运动的程序流程和注意事项。

项目七

运动控制系统精度测试与优化

项目导入

在运动控制系统中，为了提高精度，减少机械系统的磨损和电气系统的冲击，需要使用多种手段进行优化。常见的优化方面有提高精度，包括定位精度、轨迹精度等，还有增加系统运行的平顺性，减少电动机转向时的冲击和优化速度。本项目通过熟悉丝杠运动误差的原因，掌握运动控制系统精度测试的方法，学会运动平台的编程优化。

学习目标

①能概述运动控制系统定位精度、重复定位精度的测试步骤。

②能阐述运动平台优化的原理及步骤。

③能编程测试单个模组的重复定位精度。

④能编程优化运动平台，并安全规范地进行测试。

素养目标

①培养学生热爱科学、专研技术的工匠精神。

②培养学生利用已知的知识解决实际问题的能力。

③培养学生坚韧、自强、互助的精神品格。

工作任务一 运动控制系统精度测试

【任务描述】

如图 7-1 所示为定位精度和重复定位精度的好与差，为确定设备精度，首先需要确定单个轴的精度，定位精度和重复定位精度为其中的重要指标。数控设备各移动轴在确定的终点所能达到的实际位置精度，其误差称为定位精度，它将直接影响加工的精度。重复定位精度是指在同一台数控设备上，应用相同程序进行轴运动，所得到连续结果的一致程度。重复定位精度是成正态分布的偶然性误差，它加工的一致性，是一项非常重要的性能指标。本任务需要学习两者的测试方法。

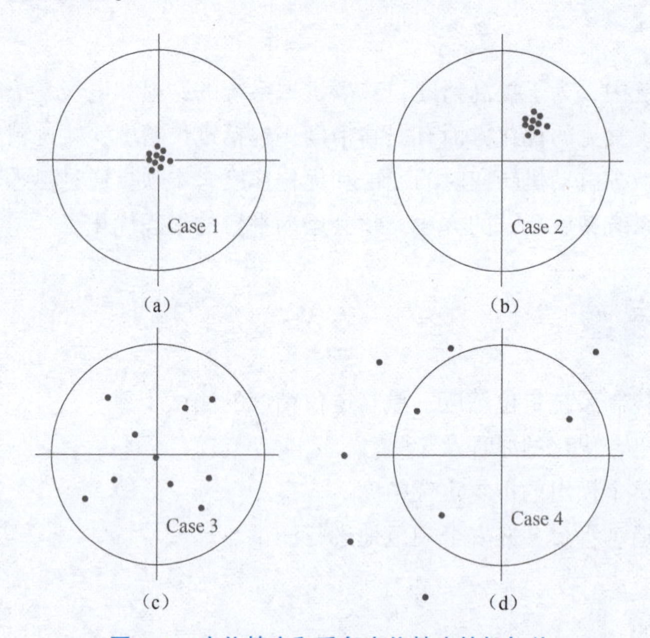

图 7-1 定位精度和重复定位精度的好与差

(a) 定位精度高、重复定位精度高；(b) 定位精度低、重复定位精度高；
(c) 定位精度低、重复定位精度一般；(d) 定位精度低、重复定位精度低

【相关知识】

一、专业术语

1. 目标位置

目标位置是指运动部件要达到的位置。

2. 实际位置

实际位置是指运动部件向目标位置趋近时实际测得的到达位置。

3. 位置偏差

位置偏差是指运动部件到达的实际位置减去目标位置之差。

4. 单向

单向是指以相同方向沿轴线趋近某一目标位置的一系列测量所得的参数。符号“↑”表示从正方向趋近所得的参数，符号“↓”表示从负方向趋近所得的参数。

5. 双向

双向是指从两个方向沿轴线趋近某一目标位置的一系列测量所得的参数。

二、精度计算

1. 计算位置偏差

$$X_{ij}=P_{ij}-P_i \tag{7-1}$$

式中，P_{ij}（$i=1\sim m$；$j=1\sim m$）为实际位置，表示运动部件第 j 次向第 i 个目标位置趋近时实际测得的到达位置；$P_i(i=1\sim m)$为目标位置，表示运动部件编程要达到的位置；X_{ij} 为位置偏差，表示运动部件到达的实际位置减去目标位置之差。

2. 计算某一位置的单向平均位置偏差 $\overline{X}_i$

正向：

$$\overline{X}_i\uparrow=\frac{1}{n}\sum_{j=1}^{n}X_{ij}\uparrow \tag{7-2}$$

负向：

$$\overline{X}_i\downarrow=\frac{1}{n}\sum_{j=1}^{n}X_{ij}\downarrow \tag{7-3}$$

3. 计算某一位置的反向差值

从两个方向趋近某一位置时，两单向平均位置偏差之差，即：

$$B_i=\overline{X}_i\uparrow+\overline{X}_i\downarrow \tag{7-4}$$

4. 计算在某一位置的单向轴线重复定位精度的估算值

正向：

$$S_i\uparrow=\sqrt{\frac{1}{n-1}\sum_{j=1}^{n}(X_{ij}\uparrow-\overline{X}_i\uparrow)^2} \tag{7-5}$$

负向：

$$S_i\downarrow=\sqrt{\frac{1}{n-1}\sum_{j=1}^{n}(X_{ij}\downarrow-\overline{X}_i\downarrow)^2} \tag{7-6}$$

式中，S_i 为某一位置的单向轴线重复定位精度的估算值，表示通过对某一位置 P_i 的 n 次单向趋近所获得的位置偏差标准不确定的估算值。

5. 计算某一位置的单向轴线重复定位精度

正向：

$$R_i\uparrow=4S_i\uparrow \tag{7-7}$$

负向：

$$R_i\downarrow=4S_i\downarrow \tag{7-8}$$

6. 计算某一位置的双向重复定位精度

$$R_i=\max(2S_i\uparrow+2S_i\downarrow+|B_i|;R_i\uparrow;R_i\downarrow) \tag{7-9}$$

7. 计算重复定位精度

（1）单向轴线重复定位精度

正向：

$$R\uparrow=\max(R_i\uparrow) \tag{7-10}$$

负向：

$$R\downarrow=\max(R_i\downarrow) \tag{7-11}$$

（2）双向重复定位精度

$$R=\max(R_i) \tag{7-12}$$

8. 计算定位精度

（1）单向定位精度

正向：

$$A\uparrow=\max(\overline{X_i}\uparrow+2S_i\uparrow)-\min(\overline{X_i}\uparrow-2S_i\uparrow) \tag{7-13}$$

负向：

$$A\downarrow=\max(\overline{X_i}\downarrow+2S_i\downarrow)-\min(\overline{X_i}\downarrow-2S_i\downarrow) \tag{7-14}$$

（2）双向定位精度

$$A=\max(\overline{X_i}\uparrow+2S_i\uparrow;\overline{X_i}\downarrow+2S_i\downarrow)-\min(\overline{X_i}\uparrow-2S_i\uparrow;\overline{X_i}\downarrow-2S_i\downarrow) \tag{7-15}$$

【任务实施】

一、工作分析

本任务需要更高级别的数据采集工具，比如光栅尺。光栅尺被称为光栅尺位移传感器，是利用光栅的光学原理工作的测量反馈装置。光栅尺经常应用于数控机床的闭环伺服系统中，可用作直线位移或者角位移的检测。通过读取光栅尺的数据，按照精度计算公式来完成运动控制系统精度测试。

本任务需要分小组进行，各组协调分工，比如操作软件、编写程序、控制急停盒子、记录数据等，保证任务过程的高效性和安全性。

二、工作步骤

步骤1：硬件连接

将运动控制卡、PC机、端子板、驱动器、单轴模组正确连接，注意光栅尺与端子板的接线。

步骤 2：新建 VS 项目工程

配置运动控制器、调用库及配置文件、添加库文件、头文件等，根据需要设计程序界面。

步骤 3：编写测试程序

（1）轴运动

```
//将 AXIS 轴设为点位模式
sRtn=GT_PrfTrap(AXIS);
//清除错误
sRtn=GT_ClrSts(AXIS,1);
//设置点位运动参数
sRtn=GT_SetTrapPrm(AXIS,&trap);
//设置 AXIS 轴的目标位置
sRtn=GT_SetPos(AXIS,pos);
//设置 AXIS 轴的目标速度
sRtn=GT_SetVel(AXIS,vel);
//启动 AXIS 轴的运动
sRtn=GT_Update(1<<(AXIS-1));
```

（2）记录光栅尺读数

```
//读取 AXIS 轴的实际位置
sRtn=GT_GetEncPos(AXIS,&prfPos);
```

将脉冲数换算为毫米单位。驱动器中设置电动机每一万个脉冲旋转一圈，通过丝杠的参数可得知丝杠导程为 10 mm，于是可得出以下换算关系：

$$mm = pulse \div (10\,000 \div 10)$$

步骤 4：计算

以规划位置为 100 mm 为例，通过多次运动得出实际位置与规划位置的误差，如表 7-1 所示。

表 7-1　实际位置与规划位置的误差列表

项目	1	2	3	4	5	6	7	平均误差
实际位置	99.993 0	99.981 5	99.993 0	99.988 0	99.994 5	99.993 0	99.994 5	—
误差	-0.007 0	-0.018 5	-0.007 0	-0.012 0	-0.005 5	-0.007 0	-0.005 5	-0.008 9

代入公式计算后求得 $S_i \approx 0.004\,8$，故 100 mm 单向轴线重复定位精度为 $R_i = 4S_i = 0.019\,2$ mm。

如果程序运行的结果不正确或者无法运行，则需要细心检查编程过程是否有遗漏，程序代码是否正确，每一步的计算是否正确，培养热爱科学、专研技术的工匠精神。

【任务评价】

评价内容	评价标准	配分	扣分
运动控制系统精度测试	熟悉运动控制系统精度计算涉及的专业词语	10	
	熟悉运动控制系统精度计算过程	10	
	正确搭建运动控制系统精度测试所需的软硬件平台	4	
	正确编写运动控制系统精度测试程序	25	
	正确计算运动控制系统精度	45	
安全操作规范	未出现带电连接线缆	2	
	未出现交流 220 V 电源短路故障	2	
	未损坏线缆、零件，运行过程未发生异常碰撞	2	
成绩			
收获体会： 学生签名：　　年　　月　　日			
教师评语： 教师签名：　　年　　月　　日			

工作任务二 运动控制系统的优化

【任务描述】

如图 7-2 所示为数控机床加工曲面工件场景。为了提高精度，减少机械系统的磨损和电气系统的冲击，需要使用多种手段进行优化，试分析数控系统运动优化的方法。

图 7-2 数控机床加工曲面工件场景

【相关知识】

一、误差补偿

误差补偿就是人为地造出一种新的原始误差去抵消当前成为问题的原有的原始误差，并应尽量使两者大小相等，方向相反，从而达到减少加工误差，提高加工精度的目的。通过误差补偿措施，可以提高设备的精度水平，改善加工精度。

进行误差补偿前，首先需要测量出精度，然后在运动前对末端位置增加补偿值，再进行位置运动。在一个轴的全行程范围内，每个位置的误差都不一样，为了提高补偿的精度，可以将行程分为多段，分别进行不同的误差补偿。

二、前瞻预处理

在数控加工等应用中，要求数控系统对机床进行平滑的控制，以防止较大的冲击影响零件的加工质量。运动控制器的前瞻预处理功能可以根据用户的运动路径计算出平滑的速度规划，减少机床的冲击，从而提高加工精度，如图 7-3 所示。

如果按照图 7-3（b）所示的速度规划，即在拐角处不减速，则加工精度一定会较低，而且可能在拐弯时对刀具和零件造成较大冲击。如果按照图 7-3（c）所示的速度规划，即

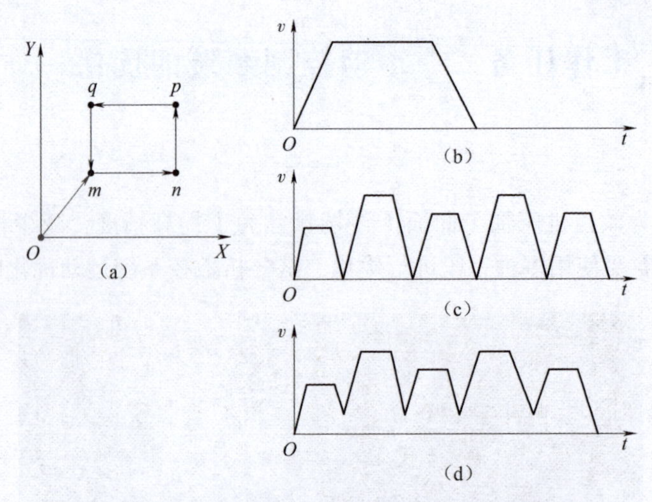

图 7-3　使用前瞻与不使用前瞻的速度规划区别

（a）数控加工的运动路径；（b）不使用前瞻，加工精度较低；

（c）不使用前瞻，加工速度慢；（d）使用前瞻，满足加工精度，提高加工速度

在拐角处减速为 0，可以最大限度保证加工精度，但加工速度就会慢下来。如果按照图 7-3（d）所示的速度规划，在拐角处将速度减到一个合理值，既可以满足加工精度又能提高加工速度，就是一个比较好的速度规划。

为了实现类似图 7-3（d）所示的好的速度规划，前瞻预处理模块不仅要提前知道当前运动的位置参数，还要提前知道后面若干段运动的位置参数，这就是所谓的前瞻。例如，在对图 7-3（a）中的轨迹做前瞻预处理时，设定控制器预先读取 50 段运动轨迹到缓存区中，则它会自动分析出在第 30 段将会出现拐点，并依据用户设定的拐弯时间计算在拐弯处的终点速度。前瞻预处理模块也会依照用户设定的最大加速度值计算速度规划，使任何加减速过程都不会超过这个值，防止对机械部分产生破坏性冲击力。

例：假设机床加工过程中，需要走一长直线，该直线由 300 条小直线段组成，现对这段路径进行前瞻预处理，其运动规划轨迹图如图 7-4 所示。线段 *OA* 为起始轨迹。

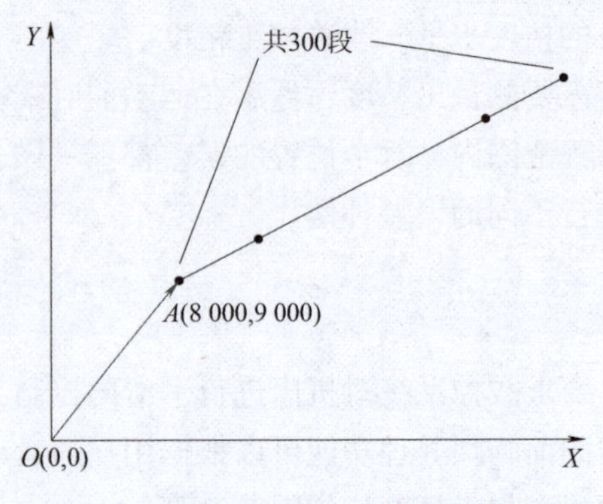

图 7-4　前瞻预处理之运动规划轨迹图

三、指令列表

1. GT_InitLookAhead 指令

初始化插补前瞻缓存区的指令 GT_InitLookAhead 说明，如表 7-2 所示。

表 7-2 GT_InitLookAhead 指令说明

指令原型	GT_InitLookAhead(short crd, short fifo, double T, double accMax, short n, TCrdData* pLookAheadBuf)
指令说明	初始化插补前瞻缓存区
指令类型	立即指令，调用后立即生效
指令参数	该指令共有 6 个参数。 crd：坐标系号。正整数，取值范围为［1，2］。 fifo：插补缓存区号。正整数，取值范围为［0，1］，默认值为 0。 T：拐弯时间。单位为 ms。 accMax：最大加速度。单位为 pulse/ms^2。 n：前瞻缓存区大小。取值范围为［0，32 767）。 pLookAheadBuf：前瞻缓存区内存区指针
指令返回值	请参照指令返回值列表

2. GT_CrdData 指令

一次性把前瞻缓存区的数据压入运动缓存区的指令 GT_CrdData 说明，如表 7-3 所示。

表 7-3 GT_CrdData 指令说明

指令原型	GT_CrdData(short crd, TCrdData* pCrdData, short fifo=0)
指令说明	用于在使用前瞻时调用该指令表示后续没有新的数据，将会一次性把前瞻缓存区的数据压入运动缓存区
指令类型	立即指令，调用后立即生效
指令参数	该指令共有 3 个参数。 crd：坐标系号。正整数，取值范围为［1，2］。 pCrdData：只能设置为 NULL。 fifo：插补缓存区号。正整数，取值范围为［0，1］，默认值为 0
指令返回值	若返回值为非零值，说明前瞻缓存区还有数据没有被压入运动缓存区，而运动缓存区没有空间了。此时需要检查运动缓存区的空间（调用 GT_CrdSpace()检查）。当检查运动缓存区有空间时，再次调用 GT_CrdData()指令，直至返回值为 0 时，前瞻缓存区的数据才被完全送入运动缓存区

【任务实施】

一、工作分析

运动控制系统的优化需要提前测量出单轴的位置精度，然后通过调用前瞻预处理指令在运动前对末端位置增加补偿值，再进行位置运动，即可达到减少冲击，提高运动控制系统精度的效果。

本任务需要分小组进行，各组协调分工，比如操作软件、编写程序、控制急停盒子、记录数据等，保证任务过程的高效性和安全性。

二、工作步骤

步骤 1：硬件连接

将运动控制卡、PC 机、端子板、驱动器、单轴模组正确连接，注意光栅尺与端子板的接线。

步骤 2：新建 VS 项目工程

配置运动控制器、调用库及配置文件、添加库文件、头文件等，根据需要设计程序界面。

步骤 3：编写测试程序

（1）测定单轴精度

分别测出 *X* 轴和 *Y* 轴的定位精度。为提高精度可以分为多段，例如 100 mm 为一段，分别进行测量，然后建立补偿表，如表 7-4 所示。

表 7-4　定位精度补偿表

mm

X 轴 / *Y* 轴	100	200	300
100	(0.008 9，0.010 7)	(0.007 7，0.010 7)	(0.011 3，0.010 7)
200	(0.008 9，0.009 1)	(0.007 7，0.009 1)	(0.011 3，0.009 1)
300	(0.008 9，0.012 6)	(0.007 7，0.012 6)	(0.011 3，0.012 6)

根据表 7-4，定义两个数组存放 100 mm 行程的补偿数据。

```
//定义补偿数组
double compensation_x[3]={0.0089,0.0077,0.0113};
double compensation_y[3]={0.0107,0.0091,0.0126};
```

（2）进行前瞻预处理

```
//定义前瞻缓存区内存区
TCrdData crdData[200];
long posTest[2];
long space;
//初始化坐标系 1 的 FIFO0 的前瞻模块
sRtn=GT_InitLookAhead(1,0,5,1,200,crdData);
```

（3）运动补偿

对需要进行插补运动的轨迹点进行补偿，补偿范围参考表 7-4。

```
//判断补偿范围
int index_x=pos_mm_x/100;
int index_y=pos_mm_y/100;
//添加补偿值
pos_mm_x=pos_mm_x+compensation_x[index_x];
pos_mm_y=pos_mm_y+compensation_y[index_y];
```

（4）添加插补数据

```
//当量转换,假设驱动器设置电动机每圈 10 000 脉冲,丝杠导程 10 mm
pos_x=pos_mm_x*1000;
pos_y=pos_mm_y*1000;

//插入直线插补数据
sRtn=GT_LnXY(1,pos_x,pos_y,100,0.8,0,0);
```

（5）启动插补

```
//将前瞻缓存区中的数据压入控制器
sRtn=GT_CrdData(1,NULL,0);
//启动运动
sRtn=GT_CrdStart(1,0);
```

如果程序运行的结果不正确或者无法运行，则需要细心检查编程过程是否有遗漏，是否正确添加变量，前瞻预处理程序代码位置是否正确，积极实践，利用已知的知识解决实际问题。

【任务评价】

评价内容	评价标准	配分	扣分
运动控制系统的优化	理解误差补偿的含义	10	
	理解前瞻预处理的含义	10	
指令列表	理解 GT_InitLookAhead 指令的含义，并正确使用	10	
	理解 GT_CrdData 指令的含义，并正确使用	10	
运动控制系统的优化编程与调试	正确搭建运动控制系统的优化编程与调试所需的软硬件平台	4	
	正确编写和调试运动控制系统优化的程序	50	
安全操作规范	未出现带电连接线缆	2	
	未出现交流 220 V 电源短路故障	2	
	未损坏线缆、零件，运行过程未发生异常碰撞	2	
成绩			
收获体会： 学生签名：　　年　　月　　日			
教师评语： 教师签名：　　年　　月　　日			

思考与练习

①简述定位精度和重复定位精度的区别。

②编程测试单轴模组三个位置的重复定位精度。

③简述前瞻预处理的原理。

④简述编程验证使用前瞻预处理和不使用前瞻预处理的区别。

项目八

运动控制系统应用案例（三）

项目导入

某工厂搭建的综合供料系统，结构如图 8-1 所示，其包括供料、输送和搬运三个部分。要完成物料的搬运需要了解其工艺流程以及每一步动作的判定条件。

本项目选用固高科技的 GTS-800-PV-PCIe 运动控制器做编程控制，要求分析系统需求和工艺流程，熟悉系统的机械电气原理，完成程序界面开发，实现物料搬运、报错提示、状态监控等功能。

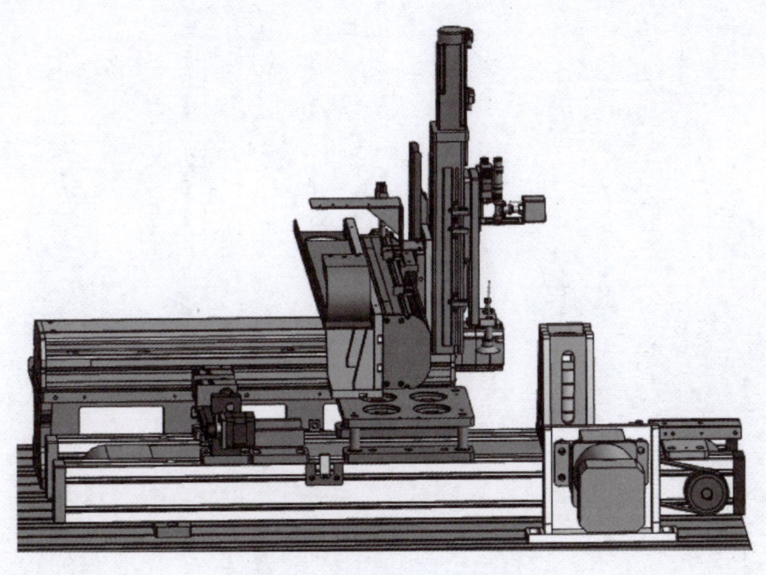

图 8-1　综合供料系统结构

学习目标

①能分析物料搬运的程序流程和注意事项，掌握三维插补运动指令的使用方法。

②能使用运动控制器，完成三维插补运动程序的开发，实现物料的定点搬运。

③能安全规范地进行搬运物料程序的故障分析、排除。

④能使用运动控制器，完成综合供料程序界面开发，实现单轴运动、回零、手轮控制主从运动、自动搬运、状态监控以及报错提示等功能。

⑤能安全规范地进行综合供料程序的故障分析、排除。

素养目标

①培养学生分析检查的能力。

②培养学生制定工作计划、方案及实施、检查和评价的能力。

③培养学生独立解决系统设计与控制过程中复杂工程问题的能力。

④培养学生独立分析、解决问题的能力。

工作任务　综合供料系统程序开发

【任务描述】

分析综合供料系统整体功能，编写程序界面，控制实训平台的流水线、供料机构和XYZ运动机构，系统功能结构如图8-2所示。

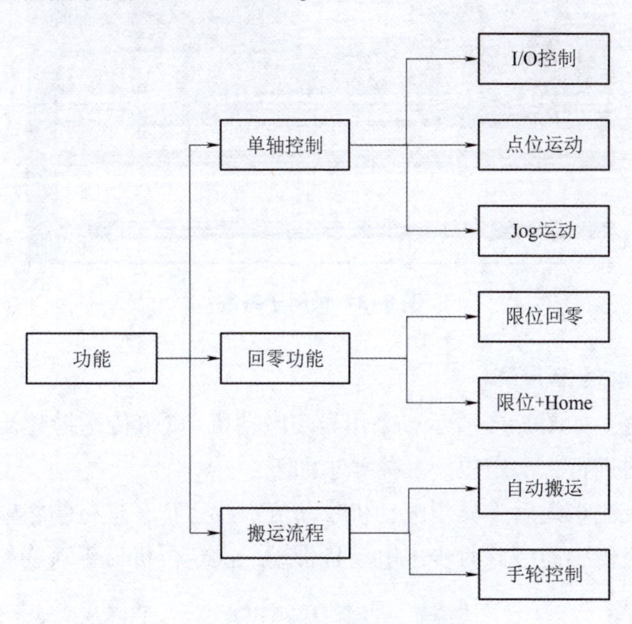

图8-2　系统功能结构图

【相关知识】

一、综合供料系统需求分析

综合供料系统主要包括供料子系统、流水线物料输送子系统和物料搬运子系统三个部分。对三个子系统的要求如下。

1. 供料子系统

供料子系统，如图8-3所示，实现物料的检测、出仓功能。其采用电磁换向阀控制的直线气缸进行推料，同时安装了推料气缸位置检测传感器和料仓物料检测传感器。具体要求如下：

当气源打开，电磁换向阀线圈不得电时，推料气缸处于缩回状态；当通过运动控制器的数字I/O输出使电磁换向阀线圈得电时，推料气缸的活塞杆伸出推料。同时，能够通过运动控制器获得气缸位置检测传感器以及料仓物料检测传感器的状态。

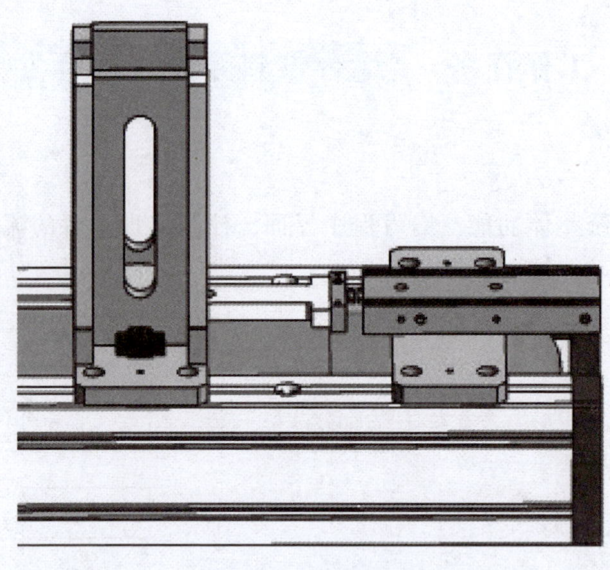

图 8-3　供料子系统

2. 流水线物料输送子系统

物料输送子系统，如图 8-4 所示，采用异步电动机+皮带传送搭建流水线传送机构，采用步进电动机对物料进行二次定位。具体要求如下：

物料出料仓进入流水线后，异步电动机带动流水线运行，进行物料输送。当物料到达某一位置后，触发对射传感器，此时步进电动机带动二次定位机械手对物料进行二次定位。

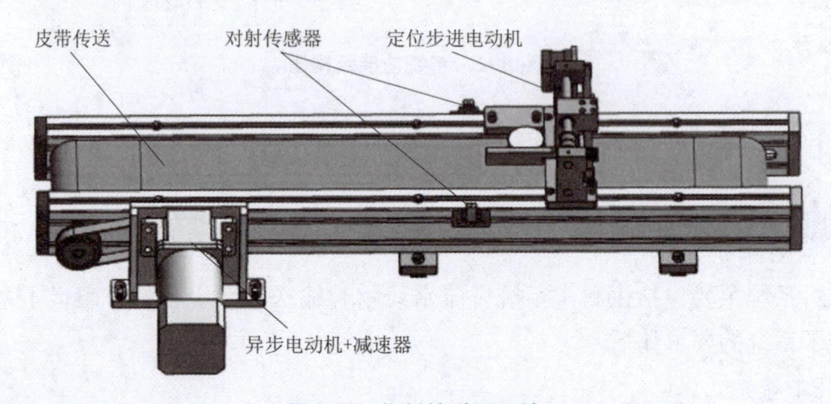

图 8-4　物料输送子系统

3. 物料搬运子系统

物料搬运子系统，实现物料的搬运功能。其采用 XYZ 平台实现物料的搬运，如图 8-5 所示，每个模组均选用交流伺服电动机+滚珠丝杠的传动方式，并配备正负限位开关和原点开关。具体要求如下：

当流水线输送子系统完成物料的二次定位后，编写运动控制程序，使得 XYZ 平台运动，末端吸盘抓取物体，完成指定位置的物料搬运。

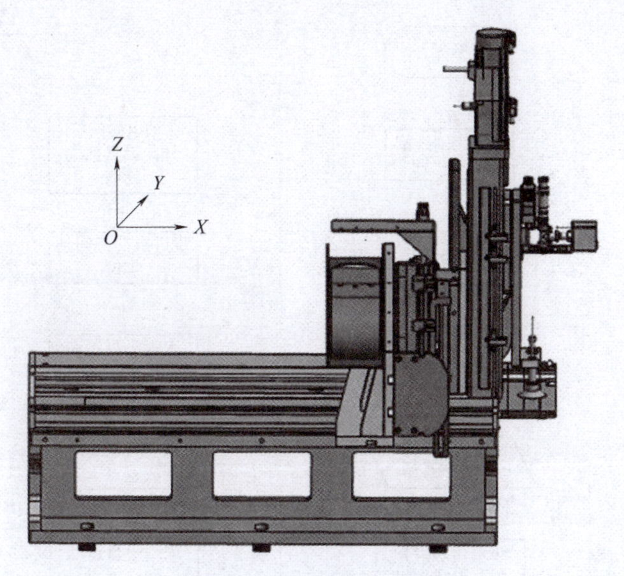

图 8-5　物料搬运子系统

二、综合供料系统气动回路

综合供料系统机械部分的气动回路，如图 8-6 所示，主要为推料气缸和真空吸盘的气动回路设计，现根据气路图完成回路搭建。

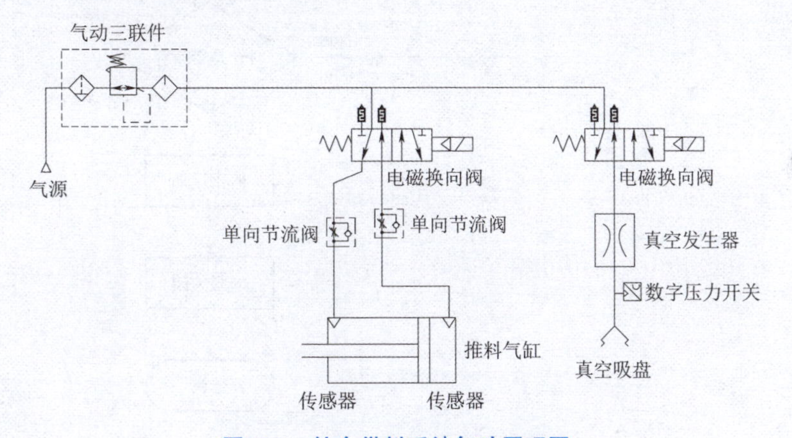

图 8-6　综合供料系统气动原理图

三、工艺流程

综合供料系统的物料搬运需要确定其工艺流程以及每一步动作的判定条件，注意规划的搬运流程要合理，防止搬运过程发生碰撞等异常行为。

物料搬运的工艺流程如图 8-7 所示。

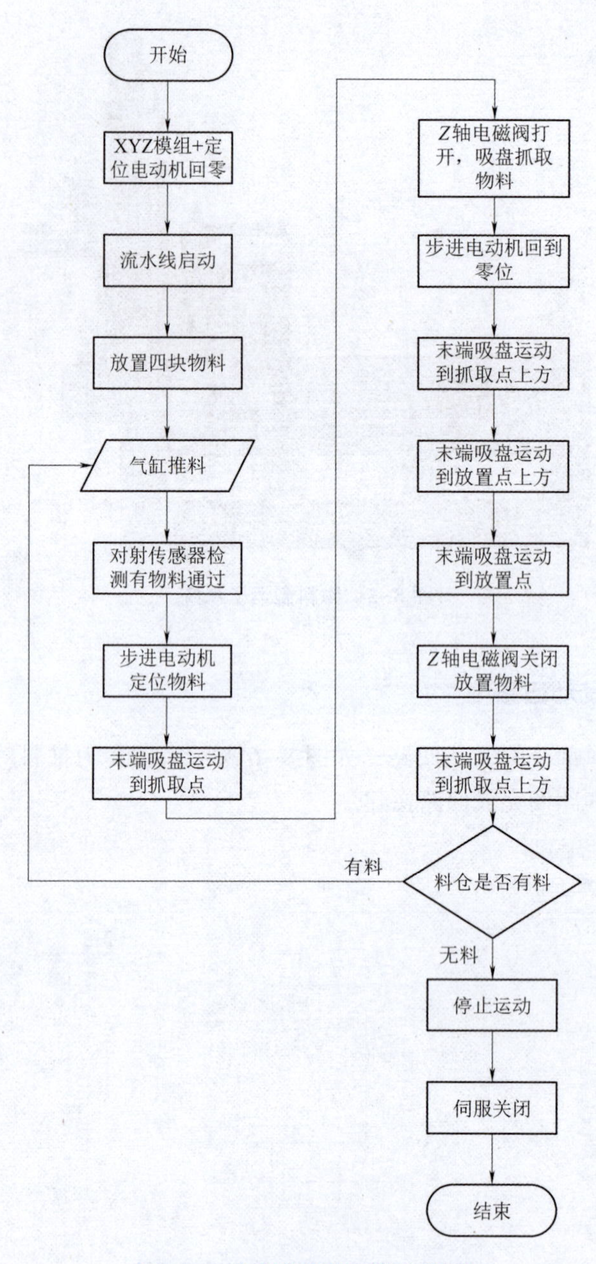

图 8-7　物料搬运的工艺流程图

【任务实施】

一、工作分析

本任务是一个综合性项目，囊括了前面所有项目涉及的知识，需要根据实际情况将综合供料系统拆分成子系统。

本任务需要分小组进行，各组协调分工，比如机械拆装、电气接线、程序编程等，来保

证任务过程的高效性和安全性。

二、工作步骤

步骤1：新建项目工程

新建MFC基于对话框项目，命名为“MotionControl_Demo”，将运动控制卡的头文件、静态链接库、动态链接库和配置文件复制到工程目录下，并完成函数库调用。

步骤2：报错提示

为了在控制卡指令出现错误时得知报错信息，需要编写一个函数使得错误结果能在界面上进行提示。由于这个函数需要使用的场景覆盖了整个工程，因此把这个函数写成全局函数。

1. 声明

在MotionControl_Demo.h中，在public下声明函数commandhandler。这里需要使用static进行静态修饰，代码如下：

```
static void commandhandler(CString command,short error);//控制卡报错提示
```

在MotionControl_Demo.h中添加声明，代码如下所示：

```
public:    //重写
    virtual BOOL InitInstance();
    static void commandhandler(CString command,short error);//控制卡报错提示
```

2. 实现

在MotionControl_Demo.cpp中实现函数功能，可参考《运动控制器编程手册之基本功能》（厂家提供的内部手册）例3-1，并能将错误结果进行弹窗提示。

3. 调用

此后在需要使用错误提示时，只需输入以下代码即可，无须重复编写。

```
CMotionControlDemoApp::commandhandler(控制卡指令,指令反馈结果);
```

步骤3：控制卡初始化

由于要使用控制卡的功能，首先需要在程序启动运行时对控制卡进行初始化操作。

1. 声明

在MotionControl_DemoDlg.h中声明函数MotionControlCardInit。

```
protected:
    HICON m_hIcon;
    //生成的消息映射函数
    void MotionControlCardInit();
```

2. 实现和调用

编写初始化函数，最后在OnInitDialog()中调用此函数。

```
//TODO:在此添加额外的初始化代码
    MotionControlCardInit();//控制卡初始化
```

步骤 4：建立状态监控区域界面

1. 添加控件及变量

从工具箱中拖出一个 List Control 控件，ID 设置为“IDC_AxisStatus_List”，视图属性设为 Report，即为报表风格。

选中 List_Control 控件面板，右击选择“添加变量”，添加名称为“m_AxisStatus_List”，然后单击“完成”按钮，如图 8-8 所示。

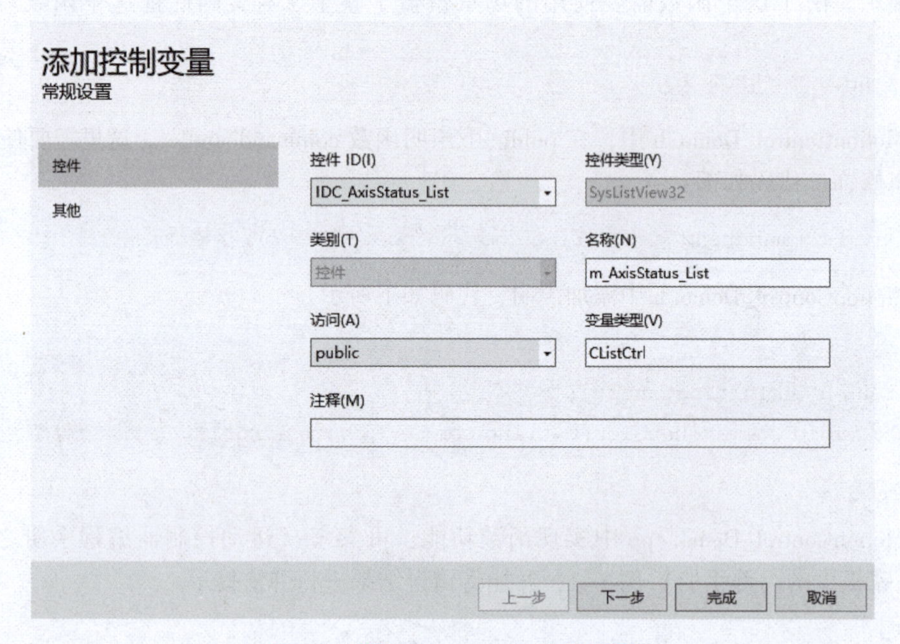

图 8-8　添加 List Control 控件变量

2. 声明

在 MotionControl_DemoDlg. h 中声明初始化函数，代码如下：

```
afx_msg void StatusListInit();//初始化状态监测表
```

在 MotionControl_DemoDlg. h 中声明初始化函数，位置如下所示：

```
//实现
protected:
    HICON m_hIcon;
    //生成的消息映射函数
    afx_msg void StatusListInit();//初始化状态监测表
```

3. 实现

在 MotionControl_DemoDlg. cpp 中编写 StatusListInit()函数功能，代码如下：

```
void CMotionControlDemoDlg::StatusListInit()
{//添加 IDC_AxisStatus_List 初始化代码
    //为列表视图控件添加全行选中和栅格风格
    m_AxisStatus_List.SetExtendedStyle(m_AxisStatus_List.GetExtendedStyle() |LVS
_EX_FULLROWSELECT |LVS_EX_GRIDLINES |LVS_EX_DOUBLEBUFFER);
    //为列表视图控件添加七列
    m_AxisStatus_List.InsertColumn(0,_T("轴号"),LVCFMT_CENTER,50,0);
    m_AxisStatus_List.InsertColumn(1,_T("使能状态"),LVCFMT_CENTER,60,1);
    m_AxisStatus_List.InsertColumn(2,_T("正限位"),LVCFMT_CENTER,50,2);
    m_AxisStatus_List.InsertColumn(3,_T("负限位"),LVCFMT_CENTER,50,3);
    m_AxisStatus_List.InsertColumn(4,_T("伺服报警"),LVCFMT_CENTER,60,4);
    m_AxisStatus_List.InsertColumn(5,_T("规划位置"),LVCFMT_CENTER,80,5);
    m_AxisStatus_List.InsertColumn(6,_T("实际位置"),LVCFMT_CENTER,80,6);
    //在列表视图控件中插入列表项,并设置列表子项文本
    m_AxisStatus_List.InsertItem(0,_T("一轴"));
    m_AxisStatus_List.InsertItem(1,_T("二轴"));
    m_AxisStatus_List.InsertItem(2,_T("三轴"));
    m_AxisStatus_List.InsertItem(3,_T("四轴"));
    m_AxisStatus_List.GetHeaderCtrl()->EnableWindow(false);//禁止列拉伸
}
```

同理，再建立一个读取 I/O 状态的 List Control 控件，ID 设置为 IDC_IOStatus_List，在 StatusListInit()函数内添加控件编辑代码，代码如下：

```
//添加 IDC_IOStatus_List 初始化代码
    //为列表视图控件添加全行选中和栅格风格
    m_IOStatus_List.SetExtendedStyle(m_AxisStatus_List.GetExtendedStyle() |LVS_
EX_FULLROWSELECT |LVS_EX_GRIDLINES |LVS_EX_DOUBLEBUFFER);
    //为列表视图控件添加四列
    m_IOStatus_List.InsertColumn(0,_T("输入信号"),LVCFMT_CENTER,90,0);
    m_IOStatus_List.InsertColumn(1,_T("状态"),LVCFMT_CENTER,50,1);
    m_IOStatus_List.InsertColumn(2,_T("输出信号"),LVCFMT_CENTER,110,2);
    m_IOStatus_List.InsertColumn(3,_T("状态"),LVCFMT_CENTER,50,3);
    //在列表视图控件中插入列表项,并设置列表子项文本
    m_IOStatus_List.InsertItem(0,_T("推料气缸收回"));
    m_IOStatus_List.SetItemText(0,2,_T("气缸推料"));
    m_IOStatus_List.InsertItem(1,_T("推料气缸推出"));
    m_IOStatus_List.SetItemText(1,2,_T("气缸复位"));
    m_IOStatus_List.InsertItem(2,_T("料仓检测 1"));
    m_IOStatus_List.SetItemText(2,2,_T("真空电磁阀打开"));
```

```
m_IOStatus_List.InsertItem(3,_T("料仓检测 2"));
m_IOStatus_List.SetItemText(3,2,_T("真空电磁阀关闭"));
m_IOStatus_List.InsertItem(4,_T("流水线来料"));
m_IOStatus_List.InsertItem(5,_T("真空负压"));
m_IOStatus_List.GetHeaderCtrl()->EnableWindow(false);//禁止列拉伸
```

4. 调用

在 OnInitDialog( ) 函数中进行调用，可写在控制卡初始化之后。

```
MotionControlCardInit();//控制卡初始化
StatusListInit();//添加状态监测表初始化代码
```

运行后效果如图 8-9 所示。

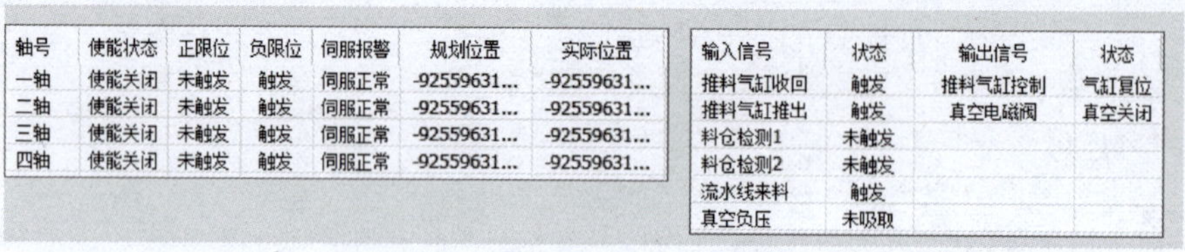

轴号	使能状态	正限位	负限位	伺服报警	规划位置	实际位置
一轴	使能关闭	未触发	触发	伺服正常	-92559631...	-92559631...
二轴	使能关闭	未触发	触发	伺服正常	-92559631...	-92559631...
三轴	使能关闭	未触发	触发	伺服正常	-92559631...	-92559631...
四轴	使能关闭	未触发	触发	伺服正常	-92559631...	-92559631...

输入信号	状态	输出信号	状态
推料气缸收回	触发	推料气缸控制	气缸复位
推料气缸推出	触发	真空电磁阀	真空关闭
料仓检测1	未触发		
料仓检测2	未触发		
流水线来料	触发		
真空负压	未吸取		

图 8-9　状态检测表运行后效果

步骤 5：添加状态查询功能

在界面部分制作完成后，需要实时监测控制卡的状态并将其显示在界面上。因此，需要建立一个不断循环读取轴和 I/O 状态的函数，为了使此函数不妨碍程序的其他功能执行，可专门为其开一个线程进行读取工作，并将结果通过 PostMessage 传递给界面线程后，由界面线程显示在状态表中。这里需要使用程序编写时常用的多线程编程方法。

1. 定义存取状态信息结构体

在 MotionControl_DemoDlg. h 中定义一个结构体进行状态信息的存取。结构体命名为 MotionStatusStruct，添加在 public 下“CListCtrl m_IOStatus_List;”后面。

```
typedef struct MotionStatusStruct//控制卡状态信息结构体
{
    long lAxisStatus;           //轴状态
    double dPrfPos;             //规划位置
    double dEncPos;             //实际位置
    long lInValue;              //输入信号
    long lOutValue;             //输出信号
}MotionStatusStruct;
```

2. 声明线程

定义一个线程，添加在 public 下，可写在 MotionStatusStruct 后面。

```
static UINT MotionStatusThread(LPVOID pParam);//状态检测线程
```

3. 添加自定义消息 ID

添加自定义消息 ID，命名为 WM_MotionStatus_MESSAGE。

```
#pragma once
#define WM_MotionStatus_MESSAGE WM_USER+100   //控制卡状态消息
//CMotionControlDemoDlg 对话框
```

此处的 WM_USER 是 Windows 系统为非系统消息保留的 ID，为了防止用户定义的消息 ID 与系统的消息 ID 冲突，Windows 系统定义了一个宏 WM_USER，小于 WM_USER 的 ID 为系统使用，大于 WM_USER 的 ID 为用户使用。这里至少要用 100，因为其他控件的消息会占用一部分。

4. 声明消息处理函数

定义消息处理函数，可添加在 DECLARE_MESSAGE_MAP( )上方。其代码如下：

```
afx_msg LRESULT OnMotionStatusMessage(WPARAM wParam,LPARAM lParam);//控制卡状态监测消息处理
```

5. 定义线程

在 MotionControl_DemoDlg. cpp 中，新建函数 MotionStatusThread，编写控制卡状态读取工作。

```
UINT CMotionControlDemoDlg::MotionStatusThread(LPVOID pParam)
{
    MotionStatusStruct mMotionStatus[4];     //传递控制卡状态结构体数组
    long axisStatus;
    double PrfPos;
    double EncPos;
    long GpiValue;
    long GpoValue;
    while(1){
        for(int axis=1;axis<5;axis++)  //循环读取 1~4 轴状态
        {
            GT_GetSts(axis,&axisStatus);//读取轴状态
            mMotionStatus[axis-1].lAxisStatus=axisStatus;
            GT_GetPrfPos(axis,&PrfPos);//读取规划位置
            mMotionStatus[axis-1].dPrfPos=PrfPos;
            GT_GetEncPos(axis,&EncPos);//读取实际位置
            mMotionStatus[axis-1].dEncPos=EncPos;
        }
        GT_GetDi(MC_GPI,&GpiValue);//读取通用输入状态
```

```
        mMotionStatus[0].lInValue=GpiValue;
        GT_GetDo(MC_GPO,&GpoValue);//读取通用输出状态
        mMotionStatus[0].lOutValue=GpoValue;
        ::PostMessage(AfxGetMainWnd()->GetSafeHwnd(),WM_MotionStatus_MESSAGE,
(WPARAM)mMotionStatus,NULL);//传递状态至界面线程
        Sleep(300);//延时 300 ms 防止界面卡死
    }
    return 0;
}
```

6. 启动线程

在 OnInitDialog()函数中，启动状态监测线程，可写在监测表初始化之后。

```
StatusListInit();//添加状态监测表初始化代码
AfxBeginThread((AFX_THREADPROC)MotionStatusThread,(VOID *)this,THREAD_PRIORITY_
NORMAL,0,0,NULL);//启动状态监控线程
```

7. 定义消息处理函数

新建函数 OnMotionStatusMessage()作为消息处理函数，把监测线程中传递过来的数据显示在界面上。

```
//更新状态至表格中
LRESULT  CMotionControlDemoDlg:: OnMotionStatusMessage ( WPARAM  wParam, LPARAM
lParam)
{
    MotionStatusStruct* mAMotionStatus=(MotionStatusStruct*)wParam;
    CString str;
    for(int i=0;i<4;i++)//轴状态写入
    {
        if(mAMotionStatus[i].lAxisStatus&0x200)//表格中写入使能状态
            m_AxisStatus_List.SetItemText(i,1,_T("使能开启"));
        else
            m_AxisStatus_List.SetItemText(i,1,_T("使能关闭"));
        if(mAMotionStatus[i].lAxisStatus&0x20)//表格中写入正限位状态
        {
            m_AxisStatus_List.SetItemText(i,2,_T("触发"));
            GT_ClrSts(i+1);//尝试清除限位状态
        }
        else
            m_AxisStatus_List.SetItemText(i,2,_T("未触发"));
        if(mAMotionStatus[i].lAxisStatus&0x40)//表格中写入负限位状态
```

```
        {
            m_AxisStatus_List.SetItemText(i,3,_T("触发"));
            GT_ClrSts(i+1);//尝试清除限位状态
        }
        else
            m_AxisStatus_List.SetItemText(i,3,_T("未触发"));
        if(mAMotionStatus[i].lAxisStatus&0x2)//表格中写入伺服状态
            m_AxisStatus_List.SetItemText(i,4,_T("伺服报警"));
        else
            m_AxisStatus_List.SetItemText(i,4,_T("伺服正常"));
        str.Format(_T("%.3lf"),mAMotionStatus[i].dPrfPos);
        m_AxisStatus_List.SetItemText(i,5,str);//表格中写入规划位置
        str.Format(_T("%.3lf"),mAMotionStatus[i].dEncPos);
        m_AxisStatus_List.SetItemText(i,6,str);//表格中写入实际位置
    }
    //I/O状态写入
    for(int i=0;i<5;i++)//表格中写入输入信号
    {
        if(mAMotionStatus[0].lInValue&(1<<i))
            m_IOStatus_List.SetItemText(i,1,_T("触发"));
        else
            m_IOStatus_List.SetItemText(i,1,_T("未触发"));
    }
    if(mAMotionStatus[0].lInValue&(1<<5))
        m_IOStatus_List.SetItemText(5,1,_T("吸取"));
    else
        m_IOStatus_List.SetItemText(5,1,_T("未吸取"));
    //表格中写入输出信号
    if(mAMotionStatus[0].lOutValue&(1<<10))//气缸输出状态
        m_IOStatus_List.SetItemText(0,3,_T("气缸复位"));
    else
        m_IOStatus_List.SetItemText(0,3,_T("气缸推料"));
    if(mAMotionStatus[0].lOutValue&(1<<11))//真空输出状态
        m_IOStatus_List.SetItemText(1,3,_T("真空关闭"));
    else
        m_IOStatus_List.SetItemText(1,3,_T("真空打开"));
    return LRESULT();
}
```

8. 消息映射

把消息 ID 和处理函数关联起来，这就是消息映射，同样是在主类中操作，找到 MESSAGE_MAP，在 BEGIN_MESSAGE_MAP(CMotionControlDemoDlg,CDialogEx)内写入关联代码。

```
ON_MESSAGE(WM_MotionStatus_MESSAGE,
&CMotionControlDemoDlg::OnMotionStatusMessage)//状态监测,消息 ID 关联处理函数
```

步骤 6：多界面切换功能

由于在功能设计上有三个功能模块，分别是单轴控制、回零功能和搬运流程，因此需要制作三个页面分别显示不同功能的交互界面，并能方便地进行切换，此时可以使用 Tab Control 控件实现。

1. 添加控件及声明变量

在资源视图中打开 IDD_MOTIONCONTROL_DEMO_DIALOG，在界面编辑框中拖入一个 Tab Control 控件，ID 设置为“IDC_Mode_TAB”。

打开 MotionControl_DemoDlg. h，在 public 下，声明一个 CTabCtrl 变量。

```
    CTabCtrl m_Mode_TAB;
```

2. 声明初始化函数

声明初始化函数，位置可参考初始化状态监测表。

```
afx_msg void TabInit();//初始化 Tab 页面
```

3. 添加映射关系

变量 m_Mode_TAB 用来与对话框中的 Tab Control 控件交互，为此要在 MotionControl_DemoDlg. cpp 中的 void CMotionControlDemoDlg::DoDataExchange(CDataExchange* pDX)函数中加入 DDX_Control 语句：

```
DDX_Control(pDX,IDC_Mode_TAB,m_Mode_TAB);
```

4. 定义 Tab 页面初始化函数

新建一个函数 TabInit 用于初始化 Tab 页面，首先给 Tab Control 控件添加 3 个可切换的页面。

```
void CMotionControlDemoDlg::TabInit()//Tab 页面初始化
{
    m_Mode_TAB.InsertItem(0,_T("单轴控制"));
    m_Mode_TAB.InsertItem(1,_T("回零功能"));
    m_Mode_TAB.InsertItem(2,_T("搬运流程"));
}
```

5. 调用初始化函数

然后在 OnInitDialog()中调用此函数，可写在状态检测表初始化之后。

```
StatusListInit();//添加状态监测表初始化代码
TabInit();//Tab 页面初始化
```

多界面切换功能运行后效果如图 8-10 所示。

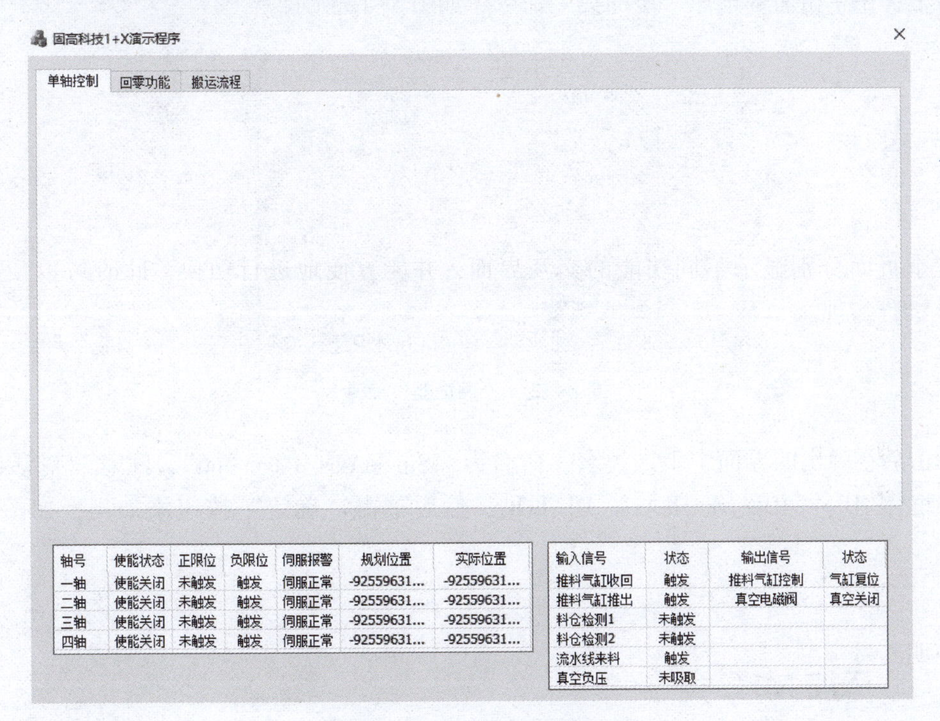

图 8-10　多界面切换效果图

6. 新建 Dialog 页面及添加类和变量

Tab 建立后，分别建立 3 个页面在 Tab 显示，以单轴控制为例。

（1）新建 Dialog 页面

在资源视图中选择 Dialog 文件夹，单击右键弹出菜单栏，选择“插入 Dialog（E）”命令，如图 8-11 所示。

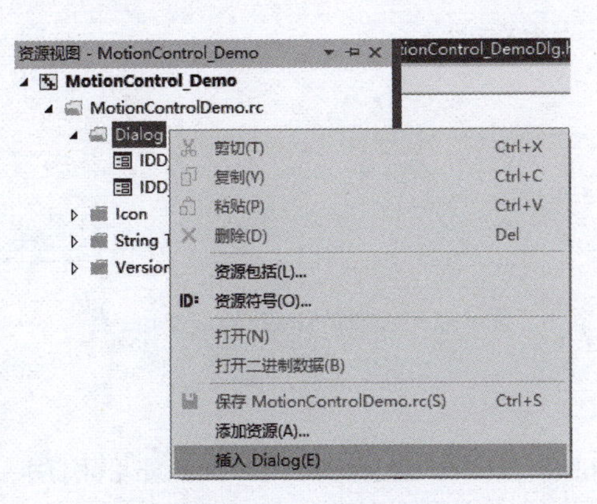

图 8-11　插入 Dialog 界面

在新创建的 Dialog 中，删除自动生成的按钮控件，在属性设置中将对话框 ID 设置为“IDD_SingleAxis__DIALOG”，将边框设置为“None”，样式设置为“Child”。

（2）添加类

在框体中单击右键选择“添加类”命令，如图 8-12 所示。

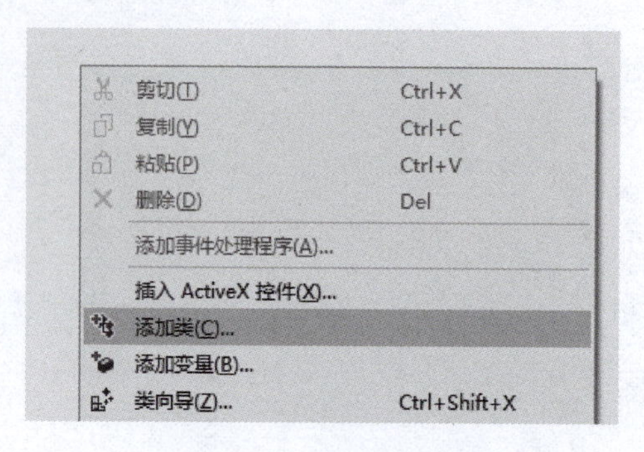

图 8-12　“添加类”命令

单击后在弹出的界面中填入类名，命名为“SingleAxis_Page. cpp”，注意“对话框 ID”是否为框体 ID——IDD_SingleAxis_DIALOG，然后单击“确定”按钮添加类，如图 8-13 所示。

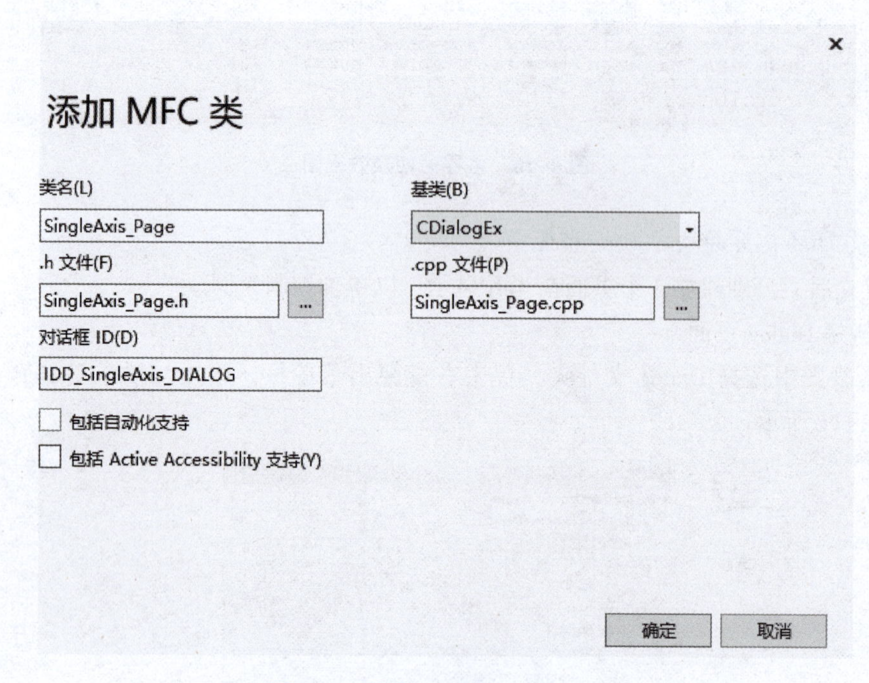

图 8-13　添加 SingleAxis_Page 类

（3）添加引用

在 MotionControl_DemoDlg. h 中添加 SingleAxis_Page. h 的引用。

```
#include"SingleAxis_Page.h"
```

（4）添加变量

在 public 下添加变量。

```
SingleAxis_Page m_SingleAxis_Page;
```

（5）添加回零页面和搬运页面

同理建立另外两个页面，回零功能页面 ID：IDD_Home__DIALOG，类名：Home_Page。

搬运流程页面 ID：IDD_Process__DIALOG，类名：Process_Page。

在 MotionControl_DemoDlg. h 中添加引用。

```
#include"Home_Page.h"
#include"Process_Page.h"
```

在 public 下添加变量。

```
    Home_Pagem_Home_Page;
    Process_Pagem_Process_Page;
```

7. 完善 Tab 初始化函数

在 MotionControl_DemoDlg. cpp 中的 Tab 初始化页面函数 void CMotionControlDemoDlg::TabInit( ) 中添加界面显示代码如下：

```
//Tab 页面初始化
void CMotionControlDemoDlg::TabInit()
{//初始化 Tab 控件
    m_Mode_TAB.InsertItem(0,_T("单轴控制"));
    m_Mode_TAB.InsertItem(1,_T("回零功能"));
    m_Mode_TAB.InsertItem(2,_T("搬运流程"));
    //建立属性页各页
    m_SingleAxis_Page.Create(IDD_SingleAxis_DIALOG,&m_Mode_TAB);
    m_Home_Page.Create(IDD_Home_DIALOG,&m_Mode_TAB);
    m_Process_Page.Create(IDD_Process_DIALOG,&m_Mode_TAB);
    //设置页面的位置在 m_tab 控件范围内
    CRect rect;
    m_Mode_TAB.GetClientRect(&rect);
    rect.top+=30;
    rect.bottom-=5;
    rect.left+=5;
    rect.right-=5;
    m_SingleAxis_Page.MoveWindow(&rect);
    m_Home_Page.MoveWindow(&rect);
    m_Process_Page.MoveWindow(&rect);
```

```
    m_SingleAxis_Page.ShowWindow(TRUE);
    m_Mode_TAB.SetCurSel(0);
}
```

8. 添加事件函数

在资源视图中打开 IDD_MOTIONCONTROL_DEMO_DIALOG，选择“属性”，在事件选项卡中添加事件 TCN_SELCHANGE 和事件 TCN_SELCHANGING 的事件函数，如图 8-14 所示。

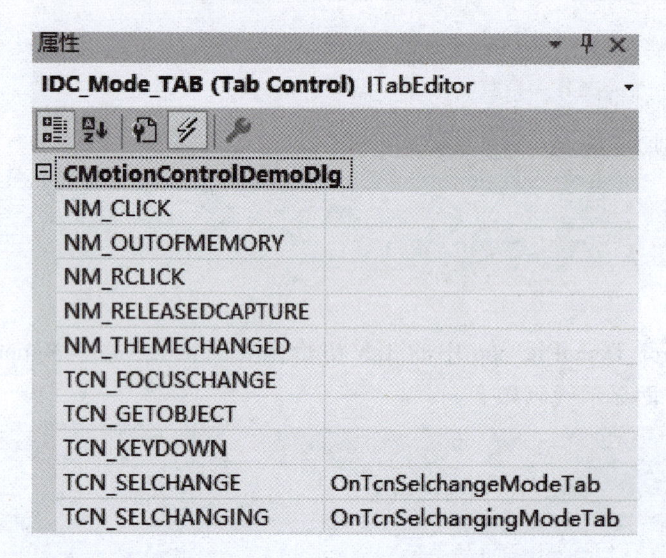

图 8-14　添加事件 TCN_SELCHANGE 和事件 TCN_SELCHANGING 的事件函数

9. 获取页面编号

在 MotionControl_DemoDlg. h 中的 public 下添加变量 CurSel。

```
    int CurSel;
```

在 MotionControl_DemoDlg. cpp 中的 OnTcnSelchangingModeTab 函数中编写记录当前页面编号功能。

```
void CMotionControlDemoDlg:: OnTcnSelchangingModeTab ( NMHDR* pNMHDR, LRESULT*
pResult)
{//获取当前页面编号
    CurSel=m_Mode_TAB.GetCurSel();
    *pResult=0;
}
```

10. 页面切换

在 MotionControl_DemoDlg. cpp 中的 OnTcnSelchangeModeTab 函数中编写页面切换功能。

```
//Tab 页面切换功能
void  CMotionControlDemoDlg:: OnTcnSelchangeModeTab ( NMHDR*  pNMHDR, LRESULT*
pResult)
{
    long axisStatus;
    for(int axis=1;axis<5;axis++) //运动中禁止切换页面
    {
        GT_GetSts(axis,&axisStatus);//读取轴状态
        if(axisStatus & 0x400) //判断规划器是否在运动中
        {
            m_Mode_TAB.SetCurSel(CurSel);
            MessageBox(_T("轴运动中,停止后再切换页面"));
            return;
        }
    }
    //切换页面
    CurSel=m_Mode_TAB.GetCurSel();
    switch(CurSel)
    {
        case 0:
            m_SingleAxis_Page.ShowWindow(TRUE);
            m_Home_Page.ShowWindow(FALSE);
            m_Process_Page.ShowWindow(FALSE);
            break;
        case 1:
            m_SingleAxis_Page.ShowWindow(FALSE);
            m_Home_Page.ShowWindow(TRUE);
            m_Process_Page.ShowWindow(FALSE);
            break;
        case 2:
            m_SingleAxis_Page.ShowWindow(FALSE);
            m_Home_Page.ShowWindow(FALSE);
            m_Process_Page.ShowWindow(TRUE);
            break;
        default:;
    }
}
```

步骤 7：单轴控制模块制作

1. 设置单轴控制界面属性

打开资源视图下的 IDD_SingleAxis_DIALOG 界面。在属性中的“字体（大小）”选项可调整整个页面内的字体大小，本例中设置为 10。单轴控制界面参考如图 8-15 所示。

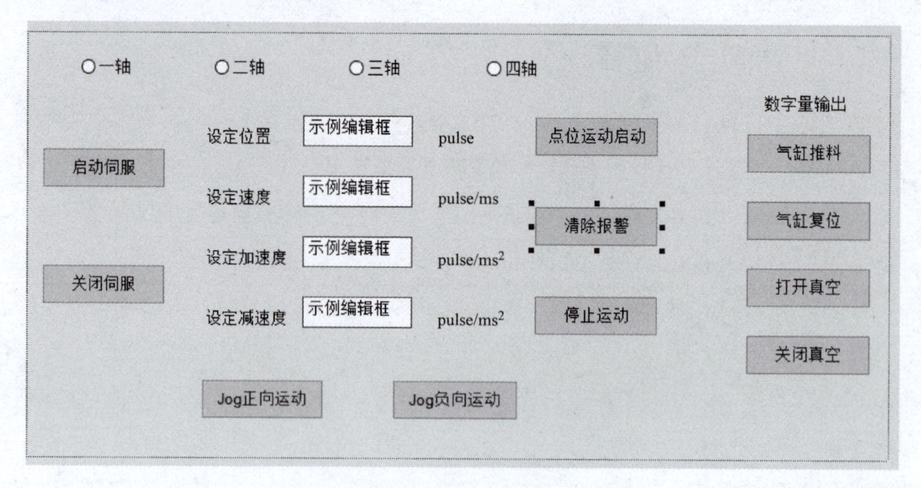

图 8-15　单轴控制界面

编辑界面内控件的属性，如表 8-1 所示。

表 8-1　单轴控制界面控件属性表

控件类型	ID	描述文字	组
Radio Button	IDC_RADIO_Axis1	一轴	True
Radio Button	IDC_RADIO_Axis2	二轴	
Radio Button	IDC_RADIO_Axis3	三轴	
Radio Button	IDC_RADIO_Axis4	四轴	
Static Text	IDC_STATIC	设定位置	
Static Text	IDC_STATIC	设定速度	
Static Text	IDC_STATIC	设定加速度	
Static Text	IDC_STATIC	pulse	
Static Text	IDC_STATIC	pulse/ms	
Static Text	IDC_STATIC	pulse/ms^2	
Static Text	IDC_STATIC	数字量输出	
Edit Control	IDC_EDIT_SetPos		
Edit Control	IDC_EDIT_SetVel		
Edit Control	IDC_EDIT_SetAcc		
Edit Control	IDC_EDIT_SetDec		

续表

控件类型	ID	描述文字	组
Button	IDC_BUTTON_AxisOn	启动伺服	
Button	IDC_BUTTON_AxisOff	关闭伺服	
Button	IDC_BUTTON_Trap	点位运动启动	
Button	IDC_BUTTON_clrsts	清除报警	
Button	IDC_BUTTON_Stop	停止运动	
Button	IDC_BUTTON_JogPositive	Jog 正向运动	
Button	IDC_BUTTON_JogNegative	Jog 负向运动	
Button	IDC_BUTTON_PushCylinder	气缸推料	
Button	IDC_BUTTON_ResetCylinder	气缸复位	
Button	IDC_BUTTON_OpenVacuum	打开真空	
Button	IDC_BUTTON_CloseVacuum	关闭真空	

单击键盘的“Ctrl”+“D”，显示控件的 Tab 顺序，通过单击数字按钮重新整理 Tab 顺序，如图 8-16 所示。

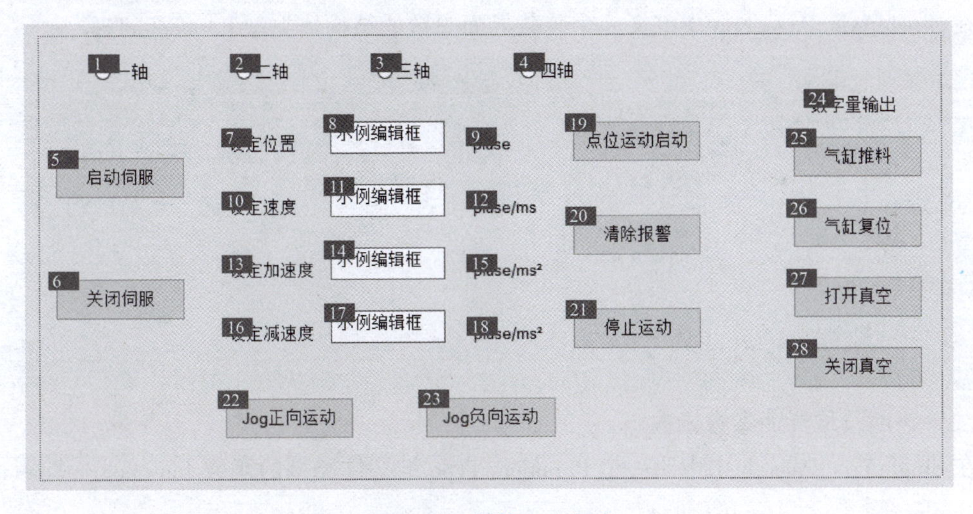

图 8-16　调整 Tab 顺序

2. 从界面获取轴号

鼠标右键单击“一轴”控件，选择“添加变量”。在弹出页面中将“类别”修改为“值”，在“名称”填入“m_axis”，“变量类型”改为“int”，然后单击“完成”按钮。

在“一轴”控件属性的“事件”中，添加 BN_CLICKED 事件函数：OnBnClickedRadioAxis1。

在 SingleAxis_Page. cpp 中，找到生成的代码。

```
ON_BN_CLICKED(IDC_RADIO_Axis1,&SingleAxis_Page::OnBnClickedRadioAxis1)
```

此时为二、三、四轴的单击事件也绑定此事件函数，添加如下代码。

```
BEGIN_MESSAGE_MAP(SingleAxis_Page,CDialogEx)
ON_BN_CLICKED(IDC_RADIO_Axis1,&SingleAxis_Page::OnBnClickedRadioAxis1)
ON_BN_CLICKED(IDC_RADIO_Axis2,&SingleAxis_Page::OnBnClickedRadioAxis1)//二轴绑定
ON_BN_CLICKED(IDC_RADIO_Axis3,&SingleAxis_Page::OnBnClickedRadioAxis1)//三轴绑定
ON_BN_CLICKED(IDC_RADIO_Axis4,&SingleAxis_Page::OnBnClickedRadioAxis1)//四轴绑定
END_MESSAGE_MAP()
```

在单击事件 void SingleAxis_Page::OnBnClickedRadioAxis1()函数中添加代码。

```
void SingleAxis_Page::OnBnClickedRadioAxis1()
{
    UpdateData(TRUE);//更新界面参数至变量
}
```

这样从界面上选取的轴号参数就写入了 m_axis 变量中，值从 0 到 3 对应一轴到四轴。

3. 读取界面参数

将从界面上读取轴运动参数写为一个函数，方便重复调用。

(1) 定义界面参数结构体

在 SingleAxis_Page. cpp 中定义一个装载界面参数的结构体类型 ParameterType。

```
//界面参数结构体
struct ParameterType{
    short axis;
    long pos;
    double vel;
    double acc;
    double dec;
};
```

(2) 声明读取界面参数函数

在 SingleAxis_Page. h 中声明一个 ParameterType 结构体类型的函数 InterfaceParameter()，写在 public 下。

```
public:
    virtual BOOL OnInitDialog();
    virtual BOOL PreTranslateMessage(MSG* pMsg);
    afx_msg struct ParameterType InterfaceParameter();//读取界面参数
```

(3) 实现读取界面参数功能

在 SingleAxis_Page. cpp 中编写函数。

```
ParameterType SingleAxis_Page::InterfaceParameter()//读取界面参数
{
    ParameterType temp;
    CString str;
    temp.axis=m_axis+1;//读取界面选择的轴号
    temp.pos=GetDlgItemInt(IDC_EDIT_SetPos,NULL,1);//从界面获取目标位置
    GetDlgItem(IDC_EDIT_SetVel)->GetWindowTextW(str);
    temp.vel=_wtof(str.GetBuffer());//从界面获取目标速度
    GetDlgItem(IDC_EDIT_SetAcc)->GetWindowTextW(str);
    temp.acc=_wtof(str.GetBuffer());//从界面获取目标加速度
    GetDlgItem(IDC_EDIT_SetDec)->GetWindowTextW(str);
    temp.dec=_wtof(str.GetBuffer());//从界面获取目标减速度
    return temp;
}
```

4. 添加头文件

要使用运动控制功能，需要在 SingleAxis_Page. cpp 中添加控制卡库函数的头文件引用：#include" gts. h" 。

5. 编写按钮功能程序

编写“启动伺服”“关闭伺服”“点位运动启动”“清除报警”“停止运动”“气缸推料”“气缸复位”“打开真空”“关闭真空”按钮以及 Jog 运动相关程序。

其中，为了保证安全，防止在单击“停止运动”按钮时界面选择的轴与运动轴不一致的情况，在这里把“停止运动”按钮功能编写为停止所有轴运动。

步骤 8：回零功能模块制作

1. 设置回零界面属性

打开资源视图下的 IDD_Home_DIALOG，调出界面。回零功能界面参考如图 8-17 所示。

选择轴号
○一轴 ○二轴
○三轴 ○四轴
启动伺服 关闭伺服
回零启动方向
○负方向 ○正方向
捕获触发沿
○下降沿 ○上升沿
搜索速度 示例编辑框 pulse/ms
偏置速度 示例编辑框 pulse/ms
加速度 示例编辑框 pulse/ms²
减速度 示例编辑框 pulse/ms²
零点偏置 示例编辑框 pulse
搜索距离 示例编辑框 pulse
反向步长 示例编辑框 pulse
启动回零 停止回零
清除报警 位置清零
回零状态 停止运动
当前阶段 未启动回原点
错误提示 未发生错误
捕获位置 0 pulse

图 8-17　回零功能界面

2. 编写回零程序

根据设计的界面编写回零程序。

步骤 9：搬运流程模块制作

1. 设置搬运界面属性

打开资源视图下的 IDD_Process_DIALOG，调出框体编辑界面。

从工具箱分别拖入 Group Box 控件、Radio Button 控件、Static Text 控件、Edit Control 控件和 Button 控件若干，调整位置至合适位置，如图 8-18 所示。

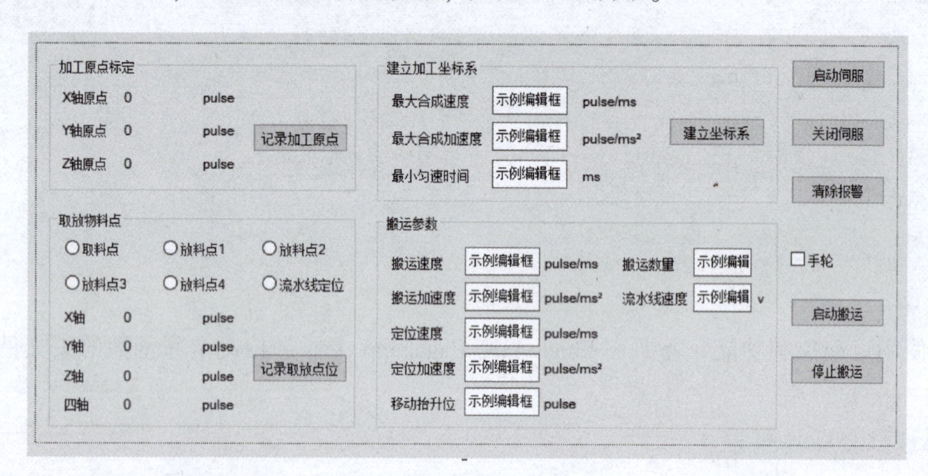

图 8-18 搬运流程界面

编辑搬运界面内控件的属性，如表 8-2 所示。

表 8-2 搬运界面控件属性表

控件类型	ID	描述文字	组
Group Box	IDC_STATIC	加工原点标定	
Group Box	IDC_STATIC	建立加工坐标系	
Group Box	IDC_STATIC	搬运参数	
Group Box	IDC_STATIC	取放物料点	
Static Text	IDC_STATIC	X 轴原点	
Static Text	IDC_STATIC	Y 轴原点	
Static Text	IDC_STATIC	Z 轴原点	
Static Text	IDC_STATIC	X 轴	
Static Text	IDC_STATIC	Y 轴	
Static Text	IDC_STATIC	Z 轴	
Static Text	IDC_STATIC	四轴	
Static Text	IDC_STATIC	最大合成速度	

续表

控件类型	ID	描述文字	组
Static Text	IDC_STATIC	最大合成加速度	
Static Text	IDC_STATIC	最小匀速时间	
Static Text	IDC_STATIC	搬运速度	
Static Text	IDC_STATIC	搬运加速度	
Static Text	IDC_STATIC	定位速度	
Static Text	IDC_STATIC	定位加速度	
Static Text	IDC_STATIC	移动抬升位	
Static Text	IDC_STATIC	搬运数量	
Static Text	IDC_STATIC	流水线速度	
Static Text	IDC_P_Xorigin	0	
Static Text	IDC_P_Yorigin	0	
Static Text	IDC_P_Zorigin	0	
Static Text	IDC_P_xPoint	0	
Static Text	IDC_P_yPoint	0	
Static Text	IDC_P_zPoint	0	
Static Text	IDC_P_4Point	0	
Edit Control	IDC_P_synVelMax		
Edit Control	IDC_P_synAccMax		
Edit Control	IDC_P_evenTime		
Edit Control	IDC_P_carryVel		
Edit Control	IDC_P_carryAcc		
Edit Control	IDC_P_lockVel		
Edit Control	IDC_P_lockAcc		
Edit Control	IDC_P_zPosForMove		
Edit Control	IDC_P_loop		
Edit Control	IDC_P_lineVel		
Radio Button	IDC_P_loadPoint	取料点	True
Radio Button	IDC_P_unloadPoint1	放料点 1	
Radio Button	IDC_P_unloadPoint2	放料点 2	
Radio Button	IDC_P_unloadPoint3	放料点 3	
Radio Button	IDC_P_unloadPoint4	放料点 4	
Radio Button	IDC_P_lineLockPoint	流水线定位	

续表

控件类型	ID	描述文字	组
Button	IDC_P_saveOrigin	记录加工原点	
Button	IDC_P_initCrd	建立坐标系	
Button	IDC_P_saveWorkPoint	记录取放点位	
Button	IDC_P_AxisOn	启动伺服	
Button	IDC_P_AxisOff	关闭伺服	
Button	IDC_P_clrsts	清除报警	
Button	IDC_P_startWork	启动搬运	
Button	IDC_P_stopWork	停止搬运	
Check Box	IDC_P_handwheel	手轮	

单击键盘的“Ctrl”+“D”，显示控件的 Tab 顺序，通过单击数字按钮重新整理 Tab 顺序，如图 8-19 所示。

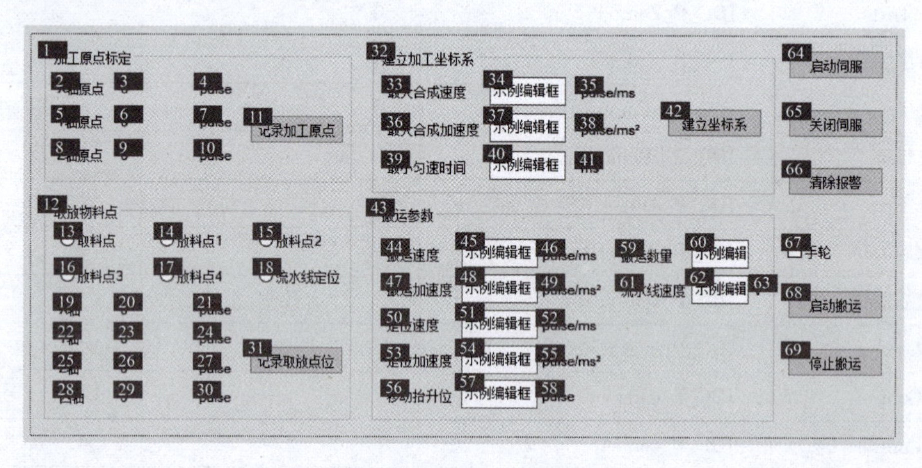

图 8-19　调整 Tab 顺序

2. 添加头文件

在 Process_Page. h. cpp 中引用控制卡头文件 gts. h，代码如下：

```
#include"gts.h"
```

3. 记录加工原点

在 Process_Page. h 中，在 public 下声明变量数组 origin，代码如下：

```
public:
    long origin[3];//记录加工原点坐标
```

在资源视图中打开 IDD_Process_DIALOG，左键双击“记录加工原点”按钮，添加按钮单击事件。单击事件函数代码如下：

```
void Process_Page::OnBnClickedPsaveorigin()
{//记录加工原点位置
    CString str;
    short sRtn;
    double pValue;
    for(int i=1;i<4;i++)
    {
        sRtn=GT_GetEncPos(i,&pValue);
        CMotionControlDemoApp::commandhandler(_T("GT_GetEncPos"),sRtn);
        origin[i-1]=(long)pValue;
    }
    //界面显示
    str.Format(_T("%ld"),origin[0]);
    SetDlgItemText(IDC_P_Xorigin,str);
    str.Format(_T("%ld"),origin[1]);
    SetDlgItemText(IDC_P_Yorigin,str);
    str.Format(_T("%ld"),origin[2]);
    SetDlgItemText(IDC_P_Zorigin,str);
}
```

4. 记录取放点位

（1）添加变量

在 Process_Page. h 中，在 public 下声明二维变量数组 xyzPoint 用于记录取放点的坐标位置，声明变量 lineLockPoint 用于记录流水线锁定物料的位置点。

```
long xyzPoint[5][3];//记录取放点坐标
long lineLockPoint;//记录4轴锁定物料位置点
```

在资源视图中打开 IDD_Process_DIALOG，鼠标右键单击“取料点”控件，选择“添加变量”。在弹出页面中将“类别”修改为“值”，在“名称”填入“m_pointSelected”，“变量类型”改为“int”，然后单击“完成”按钮。

（2）从界面上获取选择的轴号

在“取料点”控件属性的“事件”中，添加 BN_CLICKED 事件函数。

在 Process_Page. cpp 中，为其余 Radio 控件的单击事件添加绑定事件函数，添加如下代码：

```
BEGIN_MESSAGE_MAP(Process_Page,CDialogEx)
    ON_BN_CLICKED(IDC_P_loadPoint,&Process_Page::OnBnClickedPloadpoint)
    ON_BN_CLICKED(IDC_P_unloadPoint1,&Process_Page::OnBnClickedPloadpoint)
    ON_BN_CLICKED(IDC_P_unloadPoint2,&Process_Page::OnBnClickedPloadpoint)
```

```
    ON_BN_CLICKED(IDC_P_unloadPoint3,&Process_Page::OnBnClickedPloadpoint)
    ON_BN_CLICKED(IDC_P_unloadPoint4,&Process_Page::OnBnClickedPloadpoint)
    ON_BN_CLICKED(IDC_P_lineLockPoint,&Process_Page::OnBnClickedPloadpoint)
```

（3）显示坐标

在单击事件 void Process_Page::OnBnClickedPloadpoint()函数中添加代码。代码如下：

```
void Process_Page::OnBnClickedPloadpoint()
{
    UpdateData(TRUE);//更新界面参数至变量
    //刷新取放物料点界面
    CString str;
    if(m_pointSelected! =5)
    {
        str.Format(_T("% ld"),xyzPoint[m_pointSelected][0]);
        SetDlgItemText(IDC_P_xPoint,str);
        str.Format(_T("% ld"),xyzPoint[m_pointSelected][1]);
        SetDlgItemText(IDC_P_yPoint,str);
        str.Format(_T("% ld"),xyzPoint[m_pointSelected][2]);
        SetDlgItemText(IDC_P_zPoint,str);
    }
    else
    {
        str.Format(_T("% ld"),lineLockPoint);
        SetDlgItemText(IDC_P_4Point,str);
    }
}
```

这样从界面上选取的位置点选择参数就写入了 m_pointSelected 变量中。同时可以把相对应的坐标点信息显示在界面上。

（4）实现记录取放点位置

在资源视图中打开 IDD_Process_DIALOG，左键双击“记录取放点位置”按钮，添加按钮单击事件。单击事件函数代码如下：

```
void Process_Page::OnBnClickedPsaveworkpoint()
{  //记录取料点、放料点和流水线定位的坐标
    CString str;
    short sRtn;
    double pValue;
    if(m_pointSelected! =5)
    {
```

```
    for(int i=1;i<4;i++)//取料点和放料点
    {
        sRtn=GT_GetEncPos(i,&pValue);
        CMotionControlDemoApp::commandhandler(_T("GT_GetEncPos"),sRtn);
        xyzPoint[m_pointSelected][i-1]=(long)pValue-origin[i-1];
    }
  }
  else
  {
    //流水线定位
    sRtn=GT_GetPrfPos(4,&pValue);
    CMotionControlDemoApp::commandhandler(_T("GT_GetPrfPos"),sRtn);
    lineLockPoint=(long)pValue;
  }
  //刷新界面
  OnBnClickedPloadpoint();
}
```

5. 建立坐标系

搬运工作中的 X、Y、Z 轴移动使用插补指令实现，使用插补指令前，先要进行坐标系的建立。

在资源视图中打开 IDD_Process_DIALOG，双击“建立坐标系”按钮，添加按钮单击事件函数 void Process_Page::OnBnClickedPinitcrd()，建立三维坐标系 1。同时，定义前瞻缓存区内存区，并初始化坐标系 1 的 FIFO0 的前瞻模块。

6. 启动伺服

在资源视图中打开 IDD_Process_DIALOG，为“启动伺服”添加按钮单击事件，使得所有轴伺服使能。

7. 编写手轮功能

（1）添加变量

勾选“手轮”复选框，会启动一个线程实现手轮控制轴运动，取消勾选时则停止运动。

在资源视图中打开 IDD_Process_DIALOG，鼠标右键单击“手轮”控件，选择“添加变量”。在弹出页面中将“类别”修改为“值”，在“名称”填入“m_wheelCheck”，“变量类型”改为“BOOLl”，然后单击“完成”按钮。

（2）声明变量和函数

在 Process_Page.h 中，在 public 下声明手轮功能使用的变量和函数。

```
BOOL m_wheelCheck;
CWinThread* pWheelThread=NULL;//手轮线程
static UINT AfxThreadHandWheel(LPVOID pParam);//手轮线程执行函数
bool m_handWheelExit;//手轮线程退出标志
```

(3) 实现手轮功能

在 Process_Page. cpp 中，编写手轮功能实现的线程函数。

```
UINT Process_Page::AfxThreadHandWheel(LPVOID pParam)
{//手轮线程
    long wheelDiValue=0;//保存上一周期的手轮信号读取值
    short sRtn;//返回值变量
    long diValue;//轴选和倍率 I/O 变量
    short slaveAxis=0;//从轴轴号
    long slaveEvn=1;//从轴传动比系数,必须初始化,否则切换倍率时会中断
    Process_Page* pWnd=(Process_Page*)pParam;
    while(pWnd->m_handWheelExit)
    {
        sRtn=GT_GetDi(MC_MPG,&diValue);//轴选和倍率
        CMotionControlDemoApp::commandhandler(_T("GT_GetDi"),sRtn);
        //当前手轮信号读取值与上一周期不同时重设手轮运行参数
        if(wheelDiValue! =diValue)
        {
            wheelDiValue=diValue;//记录新的手轮信号值
            for(int i=0;i<7;i++)
            {
                if((diValue&(1<<i))= =0)
                {
                    if(i<4)//获取轴号
                        slaveAxis=i+1;
                    if(i= =4)//一倍倍率
                        slaveEvn=1;
                    if(i= =5)//十倍倍率
                        slaveEvn=10;
                    if(i= =6)//百倍倍率
                        slaveEvn=100;
                }
            }
            sRtn=GT_Stop(diValue&0x0f,0);//停止不使用的轴
            if(slaveAxis)//当从轴轴号不为 0 时执行 if 语句
            {
                sRtn=GT_AxisOn(slaveAxis);//使能选中轴
                sRtn=GT_PrfGear(slaveAxis);//设置从轴运动模式为电子齿轮模式
                //设置从轴跟随手轮编码器
                sRtn=GT_SetGearMaster(slaveAxis,11,GEAR_MASTER_ENCODER);
```

```
            //设置从轴的传动比和离合区
            sRtn=GT_SetGearRatio(slaveAxis,1,slaveEvn,100);
            sRtn=GT_GearStart(1<<(slaveAxis-1));//启动从轴
        }
      }
      Sleep(300);
   }
   sRtn=GT_Stop(15,0);//停止轴
   CMotionControlDemoApp::commandhandler(_T("GT_Stop"),sRtn);
   return 0;
}
```

（4）使用和取消手轮功能

在资源视图中打开 IDD_Process_DIALOG，双击“手轮”控件，添加按钮单击事件。单击事件函数代码如下：

```
void Process_Page::OnBnClickedPhandwheel()
{
   //"手轮"复选框勾选判断
   UpdateData(TRUE);
   if(m_wheelCheck) //"手轮"复选框勾选
   {
      m_handWheelExit=1;
      pWheelThread=AfxBeginThread(AfxThreadHandWheel,this);//启动手轮线程
   }
   else  //取消"手轮"复选框勾选
   {
      m_handWheelExit=0;
      WaitForSingleObject(pWheelThread,INFINITE);//等待线程结束
   }
}
```

8. 搬运工作编写

实现搬运工作，按顺序可分为以下几步：①复位；②料仓供料；③锁定物料；④真空吸取物料；⑤摆放物料。摆放多个物料只需循环这 5 个步骤即可。

（1）声明变量和函数

在 Process_Page. h 中，在 public 下声明搬运功能使用的变量和函数。

```
   CWinThread* pCarry=NULL;    //搬运工作线程
   static UINT AfxThreadCarry(LPVOID pParam);    //搬运线程执行函数
   bool m_carryExit;    //搬运工作线程退出标志
```

```
    double carryVel;      //搬运工作 XYZ 合成速度
    double carryAcc;      //搬运工作 XYZ 合成加速度
    double lockVel;       //搬运工作 4 轴锁定速度
    double lockAcc;       //搬运工作 4 轴锁定加速度
    long zPosForMove;     //搬运工作中 Z 轴抬升安全位置参数
    int loop;             //搬运工作一次流程搬运数量
```

（2）实现搬运功能

在 Process_Page. cpp 中，编写搬运功能实现的线程函数。

```
UINT Process_Page::AfxThreadCarry(LPVOID pParam)
{  //搬运工作线程
    Process_Page* pWnd=(Process_Page*)pParam;
    short sRtn;                                  //指令返回值变量
    short run;                                   //坐标系运动状态查询变量
    long segment;                                //坐标系运动完成段查询变量
    long gpiValue;                               //通用输入读取值
    long axis4Sts;                               //4 轴状态
    double crdPos[3];                            //坐标系 1 状态
    unsigned long timeBegin;                     //延时计算—起始时间
    unsigned long timeEnd;                       //延时计算—结束时间
    for(int i=1;i<(pWnd->loop)+1;i++)  //循环搬运
    {  //1 复位
        if(pWnd->m_carryExit)
            return 0;
        sRtn=GT_SetDoBit(MC_GPO,11,1);//气缸回位
        //Z 轴上升,XY 轴移动至取料点上方
        sRtn=GT_GetCrdPos(1,crdPos);
        CMotionControlDemoApp::commandhandler(_T("GT_GetCrdPos"),sRtn);
        sRtn=GT_LnXYZG0(1,(long)crdPos[0],(long)crdPos[1],pWnd->zPosForMove,
pWnd->carryVel,pWnd->carryAcc);
        sRtn = GT_LnXY(1,pWnd->xyzPoint[0][0],pWnd->xyzPoint[0][1],pWnd->
carryVel,pWnd->carryAcc);
        sRtn=GT_CrdData(1,NULL,0);//将前瞻缓存区中的数据压入控制器
        CMotionControlDemoApp::commandhandler(_T("GT_CrdData"),sRtn);
        sRtn=GT_CrdStart(1,0);//启动运动
        CMotionControlDemoApp::commandhandler(_T("GT_CrdStart"),sRtn);
        //4 轴复位
        sRtn=GT_SetPos(4,0);
        sRtn=GT_Update(1<<(4-1));
```

```
do
{
    if(pWnd->m_carryExit)
        return 0;
    sRtn=GT_GetSts(4,&axis4Sts);
}while(axis4Sts & 0x400);
//2 料仓供料
do  //等待料仓有料
{
    if(pWnd->m_carryExit)
        return 0;
    sRtn=GT_GetDi(MC_GPI,&gpiValue);
}while(gpiValue & 0xd);
sRtn=GT_SetDoBit(MC_GPO,11,0);//气缸推料
do  //等待气缸推出到位
{
    if(pWnd->m_carryExit)
        return 0;
    sRtn=GT_GetDi(MC_GPI,&gpiValue);
}while(gpiValue&(1<<1));
//3 锁定物料
do  //等待物料移动至对射传感器
{
    if(pWnd->m_carryExit)
        return 0;
    sRtn=GT_GetDi(MC_GPI,&gpiValue);
}while(gpiValue&(1<<4));
sRtn=GT_SetDoBit(MC_GPO,11,1);//气缸回位
//延时 3 s
GT_GetClock(&timeBegin);
do{
    if(pWnd->m_carryExit)
        return 0;
    sRtn=GT_GetClock(&timeEnd);
}while(timeEnd-timeBegin<=3000);
//定位物料
sRtn=GT_SetPos(4,pWnd->lineLockPoint);
sRtn=GT_Update(1<<(4-1));
do{
```

```
            if(pWnd->m_carryExit)
                return 0;
            sRtn=GT_GetSts(4,&axis4Sts);
        }while(axis4Sts & 0x400);
        //4 真空吸取物料
        do{  //等待坐标系 1 静止
            if(pWnd->m_carryExit)
                return 0;
            sRtn=GT_CrdStatus(1,&run,&segment,0);
        }while(run==1);
        //移动至定位点,吸取物料
        sRtn = GT_LnXY(1,pWnd->xyzPoint[0][0],pWnd->xyzPoint[0][1],pWnd->
carryVel,pWnd->carryAcc);
        sRtn = GT_LnXYZ(1,pWnd->xyzPoint[0][0],pWnd->xyzPoint[0][1],pWnd->
xyzPoint[0][2],pWnd->carryVel,pWnd->carryAcc);
        sRtn=GT_BufDelay(1,500,0);
        sRtn=GT_BufIO(1,MC_GPO,0x800,0x0);
        sRtn=GT_BufDelay(1,1000,0);
        sRtn = GT_LnXYZ(1,pWnd->xyzPoint[0][0],pWnd->xyzPoint[0][1],pWnd->
xyzPoint[0][2],pWnd->carryVel,pWnd->carryAcc);
        sRtn=GT_CrdData(1,NULL,0);
        CMotionControlDemoApp::commandhandler(_T("GT_CrdData"),sRtn);
        sRtn=GT_CrdStart(1,0);
        CMotionControlDemoApp::commandhandler(_T("GT_CrdStart"),sRtn);
        do{ //等待运动停止
            if(pWnd->m_carryExit)
                return 0;
            sRtn=GT_CrdStatus(1,&run,&segment,0);
        }while(run==1);
        //判断吸取状态
        sRtn=GT_GetDi(MC_GPI,&gpiValue);
        if(!(gpiValue&(1<<5)))
        {
            ::MessageBox(NULL,_T("吸取失败,退出取料工作!"),_T("Error"),MB_OK);
            return 0;
        }
        //解除定位锁定
        sRtn=GT_SetPos(4,0);
        sRtn=GT_Update(1<<(4-1));
```

```
        //5 摆放物料
        sRtn=GT_LnXYZ(1,pWnd->xyzPoint[0][0],pWnd->xyzPoint[0][1],pWnd->
zPosForMove,pWnd->carryVel,pWnd->carryAcc);
        sRtn=GT_LnXY(1,pWnd->xyzPoint[i][0],pWnd->xyzPoint[i][1],pWnd->
carryVel,pWnd->carryAcc);
        sRtn=GT_LnXYZ(1,pWnd->xyzPoint[i][0],pWnd->xyzPoint[i][1],pWnd->
xyzPoint[i][2],pWnd->carryVel,pWnd->carryAcc);
        sRtn=GT_BufDelay(1,500,0);
        sRtn=GT_BufIO(1,MC_GPO,0x800,0x800);
        sRtn=GT_BufDelay(1,500,0);
        sRtn=GT_LnXYZ(1,pWnd->xyzPoint[i][0],pWnd->xyzPoint[i][1],pWnd->
zPosForMove,pWnd->carryVel,pWnd->carryAcc);
        sRtn=GT_CrdData(1,NULL,0);
        CMotionControlDemoApp::commandhandler(_T("GT_CrdData"),sRtn);
        sRtn=GT_CrdStart(1,0);
        CMotionControlDemoApp::commandhandler(_T("GT_CrdStart"),sRtn);
        do{
            if(pWnd->m_carryExit)
                return 0;
            sRtn=GT_CrdStatus(1,&run,&segment,0);
        }while(run==1);
    }
    return 0;
}
```

（3）启动搬运功能

在资源视图中打开 IDD_Process_DIALOG，双击“启动搬运”按钮，添加按钮单击事件。单击事件函数代码如下：

```
void Process_Page::OnBnClickedPstartwork()
{  //启动搬运工作
    CString str;
    //读取界面参数
    GetDlgItem(IDC_P_carryVel)->GetWindowTextW(str);//读取搬运速度
    carryVel=_wtof(str.GetBuffer());
    GetDlgItem(IDC_P_carryAcc)->GetWindowTextW(str);//读取搬运加速度
    carryAcc=_wtof(str.GetBuffer());
    GetDlgItem(IDC_P_lockVel)->GetWindowTextW(str);//读取定位速度
    lockVel=_wtof(str.GetBuffer());
    GetDlgItem(IDC_P_lockAcc)->GetWindowTextW(str);//读取定位加速度
```

```
    lockAcc=_wtof(str.GetBuffer());
    GetDlgItem(IDC_P_zPosForMove)->GetWindowTextW(str);//读取移动抬升位
    zPosForMove=_wtol(str.GetBuffer());
    GetDlgItem(IDC_P_loop)->GetWindowTextW(str);//读取取料个数
    loop=_wtoi(str.GetBuffer());
    if(loop<1||loop>4)
    {
        MessageBox(_T("物料数错误"));
        return;
    }
    GetDlgItem(IDC_P_lineVel)->GetWindowTextW(str);//读取流水线速度
    doubledLineVel=_wtof(str.GetBuffer());
    if(dLineVel<0||dLineVel>10)
    {
        MessageBox(_T("流水线速度错误"));
        return;
    }
    OnBnClickedPAxison();//伺服启动
    //流水线运动
    short lineVel=(short)(32768*dLineVel/10);
    GT_SetDoBit(MC_GPO,9,0);
    GT_SetDac(5,&lineVel);
    //4轴运动参数
    GT_PrfTrap(4);
    TTrapPrm trap;
    trap.acc=lockAcc;
    trap.dec=lockAcc;
    trap.smoothTime=25;
    trap.velStart=0;
    GT_SetTrapPrm(4,&trap);
    GT_SetVel(4,lockVel);
    m_carryExit=0;//重置退出搬运线程标志
    pCarry=AfxBeginThread(AfxThreadCarry,this);//启动搬运线程
}
```

（4）停止搬运功能

在资源视图中打开IDD_Process_DIALOG，双击“停止搬运”按钮，添加按钮单击事件。单击事件函数代码如下：

```
void Process_Page::OnBnClickedPstopwork()
{
    GT_SetDoBit(MC_GPO,9,1);//流水线停止
    GT_SetDac(5,0);
    m_carryExit=1;//退出搬运线程
    short sRtn;
    sRtn=GT_Stop(15,0);//停止轴运动
    CMotionControlDemoApp::commandhandler(_T("GT_Stop"),sRtn);
    sRtn=GT_CrdClear(1,0);//清空坐标系1插补点
    CMotionControlDemoApp::commandhandler(_T("GT_CrdClear"),sRtn);
}
```

9. 关闭伺服

在资源视图中打开 IDD_Process_DIALOG，双击“关闭伺服”按钮，添加按钮单击事件。单击事件函数代码如下：

```
void Process_Page::OnBnClickedPAxisoff()
{
    short sRtn;
    for(short i=1;i<5;i++)//关闭伺服
    {
        sRtn=GT_AxisOff(i);
        CMotionControlDemoApp::commandhandler(_T("GT_AxisOff"),sRtn);
    }
    //重置手轮
    m_handWheelExit=0;
    CButton* pBtn=(CButton*)GetDlgItem(IDC_P_handwheel);
    pBtn->SetCheck(0);
    OnBnClickedPstopwork();//重置搬运工作
}
```

10. 清除报警

在资源视图中打开 IDD_Process_DIALOG，双击“清除报警”按钮，添加按钮单击事件，编写程序。

如果程序运行的结果不正确或者无法运行，则需要细心检查编程过程是否有遗漏，程序代码是否正确，积极地进行模拟与实践，培养独立解决系统设计与控制过程中复杂工程问题的能力。

【任务评价】

评价内容	评价标准	配分	扣分
综合供料系统	会对综合供料系统进行需求分析	2	
	会分析综合供料系统整体功能，并进行拆分	2	
	会绘制综合供料系统工艺流程以及每一步动作的判定条件	4	
综合供料系统硬件搭建	正确搭建供料子系统	2	
	正确搭建流水线物料输送子系统	2	
	正确搭建物料搬运子系统	2	
综合供料系统电气原理分析	正确分析综合供料系统气动回路	4	
	正确分析综合供料系统总电源电路	2	
	正确分析综合供料系统伺服电源控制电路	2	
综合供料系统程序开发与测试	合理设计综合供料系统程序的 MFC 界面	8	
	正确编写与测试报错提示程序	8	
	正确编写与测试控制卡初始化程序	8	
	正确编写与测试状态监控程序	8	
	正确编写与测试状态查询程序	8	
	正确编写与测试多界面程序	8	
	正确编写与测试单轴控制模块程序	8	
	正确编写与测试回零功能模块程序	8	
	正确编写与测试搬运流程模块程序	8	
安全操作规范	未出现带电连接线缆	2	
	未出现交流 220 V 电源短路故障	2	
	未损坏线缆、零件，运行过程未发生异常碰撞	2	
成绩			
收获体会： 学生签名：　　年　　月　　日			
教师评语： 教师签名：　　年　　月　　日			

思考与练习

分析综合供料系统的程序开发流程并编程验证。

参 考 文 献

[1] 熊田忠. 运动控制技术与应用 [M]. 北京：中国轻工业出版社，2018.
[2] 谭浩强. C 程序设计 [M]. 4 版. 北京：清华大学出版社，2010.
[3] 李普曼. C++ Primer 中文版 [M]. 北京：电子工业出版社，2013.
[4] 谭浩强. C++程序设计 [M]. 3 版. 北京：清华大学出版社，2015.
[5] 尹德淳. C 函数速查手册 [M]. 北京：人民邮电出版社，2009.